책에서 제안하는 4주 식단을 응용하는 방법

◎ 책에서 소개한 4주의 식단 후에는 개인의 체질에 따라서 약 3~5kg 정도 감량 효과를 볼 수 있습니다. 좀 더 적극적으로 단기간에 살을 빼고 싶은 분들은 1~2주의 식단을 하시면서 세 끼중 한 끼 정도는 간헐적 단식을 병행하면 됩니다. 4주의 식단으로 지속적으로 6개월 이상 1년 가까이 실천하시다 보면 개인의 체질에 따라서 10~15kg 감량의 효과를 보실 수 있습니다. 다이어트 식단에서 가장 중요한 것은 본인에게 맞는 기준을 찾는 것입니다. 식단을 진행하면서 자신의 몸 상태에 집중하는 걸 꼭 기억하세요!

◎ 「저탄수화물」은 「저당질」과 같은 의미로 사용하였고
「키토식」은 「키토제닉」을 줄여서 표기하였습니다.

◎ 각 레시피에는 영양 성분을 표기하였어요.
참고 자료로 이용하세요.

◎ 레시피의 계량은 계량 수푼 기준입니다만,
가장 정확한 계량은 여러분의 입맛입니다.
1큰술은 15ml로, 약 1밥숟가락 정도입니다.
1작은술은 5ml로, 약 1/2밥숟가락 정도입니다.
1계량컵은 200ml로, 1종이컵 한가득 정도입니다.

키친
콤마의

키친콤마 김지현 지음

저탄수화물
키토식
다이어트
4주식단

BM 성안북스

Foreign Copyright:
Joonwon Lee
Address: 3F, 127, Yanghwa-ro, Mapo-gu, Seoul, Republic of Korea
          3rd Floor
Telephone: 82-2-3142-4151, 82-10-4624-6629
E-mail: jwlee@cyber.co.kr

저탄수화물 키토식 다이어트 4주 식단

2019. 6. 12. 1판 1쇄 발행
2022. 1. 21. 1판 4쇄 발행

지은이 | 김지현(키친콤마)
펴낸이 | 최한숙
펴낸곳 | BM 성안북스
주소 | 04032 서울시 마포구 양화로 127 첨단빌딩 3층(출판기획 R&D 센터)
     | 10881 경기도 파주시 문발로 112 파주 출판 문화도시(제작 및 물류)
전화 | 02) 3142-0036
    | 031) 950-6378
팩스 | 031) 955-0510
등록 | 1978. 9. 18. 제406-1978-000001호
출판사 홈페이지 | www.cyber.co.kr
이메일 문의 | smkim@cyber.co.kr
ISBN | 978-89-7067-353-0 (13590)
정가 | 22,000원

이 책을 만든 사람들
진행 | 김상민
편집·표지 디자인 | 디박스
사진·스타일링 | 김지현
홍보 | 김계향, 이보람, 유미나, 서세원
국제부 | 이선민, 조혜란, 권수경
마케팅 | 구본철, 차정욱, 나진호, 이동후, 강호묵
마케팅 지원 | 장상범, 박지연
제작 | 김유석

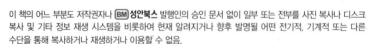

※ 도서 A/S 안내

성안당에서 발행하는 모든 도서는 저자와 출판사, 그리고 독자가 함께 만들어 나갑니다.
좋은 책을 펴내기 위해 많은 노력을 기울이고 있습니다. 혹시라도 내용상의 오류나 오탈자 등이
발견되면 "좋은 책은 나라의 보배"로서 우리 모두가 함께 만들어 간다는 마음으로 연락주시기
바랍니다. 수정 보완하여 더 나은 책이 되도록 최선을 다하겠습니다.
성안당은 늘 독자 여러분들의 소중한 의견을 기다리고 있습니다. 좋은 의견을 보내주시는 분께는
성안당 쇼핑몰의 포인트(3,000포인트)를 적립해 드립니다.

잘못 만들어진 책이나 부록 등이 파손된 경우에는 교환해 드립니다.

추천의 글

고픈 배와 먹고 싶은 욕구를 힘들게 참으며 미친 듯이 운동해서 체중계의 바늘 한 칸을 줄이기 위해 우리는 그동안 얼마나 많은 노력들을 해왔던가. 최근 들어 많은 분들이 인생 마지막 다이어트로 선택하는 저탄수화물 다이어트는 음식을 안 먹고 힘들게 살을 빼는 다이어트가 아니라 우리가 그동안 잘못 먹어왔던 음식의 종류만 바꾸어 포만감 있게 먹으면서 살이 빠지는 다이어트 식이 요법이다. 그렇기에 이 책의 출간이 더욱 반가운 이유이다. 우리나라 저당질 소스의 선구자 「키친콤마」 김지현 대표는 누구나 쉽게 저탄수화물 다이어트를 식단에 바로 적용할 수 있는 요리법을 매우 쉽게 소개하고 있다. 이 책으로 이제 그동안 다이어트의 강박에서 벗어나 소중한 나를 다시 찾아 볼 것을 권유한다.

이영훈_이영안과 원장, 네이버 「저탄고지 라이프스타일」 카페 운영자

자신을 가꾸는데 노력하는 예쁜 당신을 위한 특별한 다이어트 레시피 책을 추천합니다. 맛있게 먹으면 진짜 '0 칼로리'의 비법이 담긴 요리책입니다. 맛있고 배부르게 먹으면서 체지방만 쏙 빼서 건강하고 날씬하게 내 삶을 바꿀 수 있다는 걸 보여주는 「키친콤마」 대표님의 저탄수화물, 키토식 다이어트 레시피인 이 책은 체계적인 식단으로 알려주어 더욱 반갑고 의미 있는 책입니다. 친절하고 상세한 요리 과정 사진들은 '키린이(키토식을 이제 막 시작하는 분)'에게 많은 도움이 될 것입니다.

최선미_팟캐스트 「저자세」 진행자

저탄수화물·키토식 다이어트를 하면서
15kg 감량에 성공해 20대 때의 몸무게로 돌아가 유지중입니다.

지금은 라이프 스타일로 즐기면서 살게 되었어요.

○

나는 왜 살이 계속 쪘을까? 저탄수화물·키토식 다이어트를 만나기 전까지

다이어트를 해야겠다는 마음을 단 하루도 하지 않은 적이 없었지만 현실은 늘 통통이였던 나!
여자라면 누구나 그렇듯 저 역시 지금껏 살면서 안 해본 다이어트가 거의 없을 정도였어요.
운동은 기본이니 헬스부터 수영, 요가, 필라테스, 등산 등 남들이 하는 운동은 다 섭렵도 해보았
지요. 굶기를 밥 먹듯 했던 적도 있었고 원푸드 다이어트, 덴마크 다이어트, 한약 다이어트 등
꽤나 다양한 다이어트를 경험했어요. 그러나 처음에는 효과를 보는 듯 했지만 어느새 요요현상
을 겪고 다시 다이어트를 해야 하는 스트레스를 받으며 무한도전을 하면서 지냈더랬습니다.

○

내가 살이 찌는 원인은 바로, 탄수화물!

다이어트를 하는데 왜 나는 늘 실패하는지 그때는 원인을 알지 못했어요. 일부러 기름기 적은 고기를 골라 먹었고 닭가슴살을 물리도록 먹었고, 시리얼 조금에 과일만 먹었는데…
왜 살은 계속 찌는 거지? 도대체 왜?

마침내 제가 살이 잘 찌는 원인이 탄수화물의 과다한 섭취 때문이었다는 것을 알게 되었습니다. 탄수화물 중독이라는 말이 있듯, 탄수화물이 주는 달달한 맛의 그 유혹을 절대로 뿌리칠 수 없었습니다.
밥 대신 빵이 너무 좋았고,
떡이 주는 그 쫄깃한 식감을 포기할 수 없었으며,
늦은 저녁 가끔 마시는 맥주 한 잔은 하루의 피로를 풀어주는 꿀과 같은 것이었답니다.

우리가 무의식중에 괜찮다고 생각하는 다양한 소스, 양념에도 어마어마한 양의 설탕이 들어 있습니다. 다이어트 중에는 샐러드가 최선이라 생각해서 안심하며 먹게 되는 샐러드 드레싱에는 사실 엄청난 양의 설탕, 당분이 많이 포함되어 있기 때문에 나도 모르게 많은 양의 탄수화물을 섭취하고 있었던 것이지요.

뿐만 아니라 다양한 요리에 단맛을 내는 소스에도 설탕, 물엿, 과당 등은 많은 양의 당질을 함유하고 있답니다. 이렇게 소스들이 가지고 있는 당질에 대해서 몰랐기에 왜 자꾸 살이 찌는지 알 수 없었지요. 다이어트 중이니까 밥 한끼 굶고 간단하게 빵 한쪽, 시리얼 한그릇만 먹는 걸로 다이어트를 한다고 생각했지만, 사실은 탄수화물이 가득한 식단으로 살이 빠지기는커녕 내 몸속에 지방을 차곡차곡 채우고 있었다는 것을 그때는 알지 못했던 것이죠.

○

지방의 누명을 알게 되었다!

그렇게 스트레스를 받으며 다이어트의 성공과 요요를 반복하던 무렵, 매스컴에서 저탄고지 다이어트에 대해 한창 이슈가 되고 있었어요. 〈지방의 누명〉이라는 프로그램을 본방으로 보지는 못했는데 워낙에 이슈라 궁금한 마음에 인터넷으로 찾아 보게 되었지요.

그 방송을 보고 나니 정말 지금까지 내가 알던 건 무엇이었을까? 하는 생각과 함께 적잖은 충격을 받았답니다. 그래서 관련된 책과 여러 가지 자료들을 찾아보고 '한번 도전해 볼까?'라는 생각을 하게 되었어요. 하지만 마음 한켠으로는 '이게 정말일까? 버터를 저렇게 먹어도 된다고? 일부러 오일을 챙겨 먹는다고? 과연 저렇게 먹으면서 살이 빠진다고?'

'방송만 보고 따라하다가 더 살이 찌는 것은 아닐까?'하는 걱정이 컸던 것도 사실입니다. 하지만 책을 읽으면 읽을수록 대충해서 될 일이 아니라 철저한 공부와 이해가 필요한 다이어트이자 과학적인 다이어트라는 생각이 확고해졌습니다.

○

저탄수화물 · 키토식 다이어트를 시작, 마침내 -15kg으로 성공!

그래서 '한번 해보자!' 책에 나온 대로 탄수화물을 절제하고 그 대신 배부르게 좋은 지방을 충분히 먹는 다이어트를 도전해 보기로 결심하기에 이르렀습니다. 무엇보다 삼겹살을 맘껏 먹어도 된다는 사실에 자신감이 좀 생겼었던 것도 같아요.

늘 그렇듯이 '이번이 마지막 다이어트'라는 생각으로 다이어트 전날 이제 앞으로 당분간은 먹기 힘든 다양한 빵들과 치킨과 짜장면으로 최후의 탄수화물 만찬을 즐기고 굳은 결심으로 저탄수화물 · 키토식 다이어트에 돌입했습니다.

처음에는 '정말 괜찮을까? 이렇게 배부르게 먹는데 살이 빠진다고?' 의심하면서 다이어트를 실천했어요. 그렇게 반신반의하며 저 자신을 믿지 않았지만 날이 거듭할수록 조금씩 조금씩 저울의 숫자는 줄어들고 있었답니다.

기대만큼 단박에 눈에 확 보이게 몸무게가 줄어 들지 않았지만 마음을 비우고 다이어트에 집중하다 보니 계단식으로 천천히 분명히 체중이 줄고 있었어요. 일년이라는 시간을 뒤 돌아보니 딱 15kg이라는 몸무게가 빠지는 신세계를 경험했지요.

살만 빠진 게 아니었어요!

정말 믿기 힘든 결과였답니다. 아이들 낳기 전 날씬했었던 시절 입었던 옷들도 맞기 시작했고
그 옛날 '살빼면 입어야지' 하고 버리지도 못하고 옷장 속에 넣어두었던 옷들이 맞더라구요.
살만 빠진 것은 아니었어요. 다이어트를 하는 내내 사람들에게 '피부가 너무 좋다'는 말은 늘
듣게 되었고, 저의 고민이었던 아이 낳고 많이 횡해진 정수리의 머리카락도 다시 나기 시작했
지요. 병원에 가서 건강 검진을 해보니 정말 지방이 빠지고 근육이 늘어나는 것을 실제로 확인
해 볼 수도 있었어요.
이렇게 쉽고 편한 다이어트인데 「지방의 누명」 이라는 책의 제목처럼 지방을 먹어야 한다는
것 만으로도 많은 사람들에게 오해받고 나쁜 다이어트라고 취급을 받는 것이 안타까웠습니다.
제가 저탄수화물·키토식 다이어트로 성공했다는 것을 안 제 주변에서는 도대체 '무엇을 먹고
살아야 하죠?', '매일 삼겹살만 구워 먹고, 방탄커피만 마시면서 살 수는 없지 않나요?'라는 질
문들을 해 왔습니다.

요리 레시피 개발 경력으로 저탄수화물·키토식 레시피를 개발하다!

저탄수화물·키토식으로 다이어트를 성공하면서 저는 제가 전문적으로 해 오던 요리 레시피
개발, 요리책 집필 등의 경험을 살려 저를 포함하여 저당질 다이어트를 하는 분들을 위한 다양
한 소스와 드레싱 레시피를 개발하여 「키친콤마」라는 브랜드도 만들게 되었습니다. 제가 만든
소스들을 이용한 요리 레시피를 소개하다 보니, 이 레시피들을 모아 책으로 만들면 좋을 것 같
다는 생각에 제 요리책 집필 목록에 한 권을 더하게 되었습니다.

생소한 외국 재료들이나 레시피 보다는 우리 주변에서 쉽게 구할 수 있는 재료들과 우리 입맛
에 잘 맞고 무엇보다 '나도 해볼만 하다!' 라는 생각이 드는 쉬운 요리 레시피를 모았습니다.
세상에 널린 다양한 다이어트 방법과 고가의 다양한 다이어트 식품들 보다 당질을 줄이는 식
습관만으로도 쉽게 살을 뺄 수 있는 저탄수화물·키토식 다이어트! 식탁 위에서 흰쌀밥, 빵, 국

수, 설탕 등 우리 입맛을 유혹하는 달콤한 것들만 줄여도 우리 몸은 더 건강해지고 더 날씬해
질 수 있답니다.
배고픔을 참고 견뎌야 하는 힘들고 지치는 다이어트가 아니라 그동안 과다하게 섭취해 왔던
탄수화물 중심의 잘못된 식습관을 고치고 건강한 다이어트를 권유합니다.

굶지 않아도!
포만감 있게 먹어도!
술을 끊지 않아도!
운동을 하지 않아도!
살을 뺄 수 있어요!

책에 담은 저탄수화물·키토식 식단을 라이프 스타일로 즐기다보면 어느새 내 몸은 더 건강해
지고 가벼워져 있을 거랍니다.
이제 여러분의 차례입니다.

키친콤마, 김지현드림

Week 1

저탄수화물 키토식
다이어트
1주식단

○

목차

○

	MON	TUE	WED
breakfast	연어채소볶음  p.048	치즈달걀찜과 명란마요 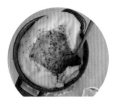 p.060	버섯오믈렛  p.072
lunch	새우볶음  p.052	닭다리살 시저샐러드  p.064	햄치즈언위치  p.076
dinner	닭다리살 채소구이  p.056	감바스알아히요  p.068	삼겹살 채소말이 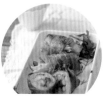 p.080

THU	FRI	SAT	SUN

사골국 채소수프

p.084

참치올리브샐러드

p.096

칠리토마토수프

p.108

에그베네딕트

p.120

가지라자냐

p.088

밥 없는 오니기리

p.100

해물파피요트

p.112

연어구이 콜리라이스

p.124

훈제오리 채소구이

p.092

소고기쥬들스볶음

p.104

함박스테이크

p.116

저수분수육과 부추무침

p.128

Week2

저탄수화물 키토식
다이어트
2주식단

	MON	TUE	WED

breakfast

아메리칸브랙퍼스트

p.134

버섯들깨미역국

p.146

곤약 차돌숙주국수

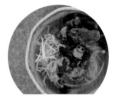

p.158

lunch

새우베이컨말이

p.138

참스테이크

p.150

김치볶음 콜리라이스

p.162

dinner

차돌박이찌개

p.142

브로콜리도우피자

p.154

치즈닭갈비

p.160

THU	FRI	SAT	SUN

구운버섯샐러드

p.170

에그랩

p.182

생햄과 버섯구이

p.194

크림치즈연어롤과
아보카도스무디

p.206

곤약면잡채

p.174

새우코코넛커리

p.186

바질치킨윙과 코울슬로

p.198

토마토소스해물찜

p.210

문어낫또 카르파쵸

p.178

육전과 미나리무침

p.190

채소삼겹살꼬치

p.202

스키야끼

p.214

Week3

제탄수화물 키토식
다이어트
3주식단

	MON	TUE	WED
breakfast	견과류단호박구이  p.220	양송이수프  p.232	단호박에그슬럿 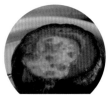 p.244
lunch	현미곤약밥 연어포케  p.224	미트볼치즈구이  p.236	아몬드빵샌드위치  p.248
dinner	쇼가야끼  p.228	면두부 로제파스타  p.240	현미곤약 짜장덮밥  p.252

	THU	FRI	SAT	SUN

THU **FRI** **SAT** **SUN**

소시지양배추조림   라구소스 핫도그   90초 키토빵
에그쉬림프 오픈토스트   아몬드가루
팬케이크와 베리샐러드

  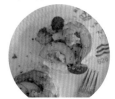 

p.256   p.268   p.280   p.292

닭가슴살 냉채   귀리곤약김밥   아몬드가루
해물오코노미야끼   고추치킨과 토마토샐러드

p.260   p.272   p.284   p.296

미나리오징어볶음   꼬막무침   제육볶음   현미곤약밥 반미샐러드

p.264   p.276   p.288   p.300

Week4

저탄수화물 키토식
다이어트
4주식단

	MON	TUE	WED

breakfast

키토빵 길거리 토스트

p.306

시금치베이컨머핀

p.318

채소달걀그라탕

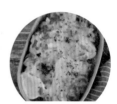

p.330

lunch

면두부골뱅이무침

p.310

할라피뇨참치패티&
샐러드

p.322

연어세비체

p.334

dinner

소시지채소볶음&
아보카도 소스

p.314

레터스치킨파지타&
과카몰리

p.326

대패삼겹채소찜

p.338

| THU | FRI | SAT | SUN |

THU · FRI · SAT · SUN

THU

90초 키토빵
연어오픈샌드위치

p.342

FRI

구운채소샐러드&
된장 드레싱

p.354

SAT

저당질 그래놀라와 요거트

p.366

SUN

콜리플라워 팬케이크&
양파잼

p.378

콥샐러드&
시저드레싱

p.346

소고기양상추쌈

p.358

스테이크샐러드

p.370

버터구이오징어와
자몽샐러드

p.382

불고기숙주볶음

p.350

제육두부조림

p.362

콩나물불고기

p.374

귀리곤약
스테이크덮밥

p.386

○

다이어트가 필요한 모든 순간에
저탄수화물·키토식 다이어트 식단을 소개합니다

○

1

저탄수화물·키토식 다이어트란?

우리가 탄수화물의 섭취를 줄이면 몸 속에서는 지방의 이용률이 높아지게 됩니다. 이때 음식으로 먹는 지방은 에너지로 우선 쓰이게 되고, 또 몸 밖으로 배출하며 모자라는 에너지는 몸 속에 축적한 체지방을 사용합니다. 이런 원리로 좀 더 과학적이고 효율적으로 다이어트를 하는 방법이 바로, 저탄수화물·키토식 다이어트입니다. 두가지 다이어트는 조금은 차이가 있기는 하지만 모두 탄수화물을 제한한다는 공통점이 있습니다.

키토식 다이어트란

키토제닉 다이어트(ketogenic diet)는 케톤식이라고도 불리는데 가장 엄격하게 탄수화물 섭취를 20~50g으로 제한하는 다이어트 방법으로 탄수화물 대신 양질의 지방을 섭취하여 몸 속에서 지방을 주 에너지원으로 사용하여 체지방을 태워 살이 빠지는 다이어트법입니다.

저탄수화물(저당질) 다이어트란

저탄수화물(저당질) 다이어트는 당질을 제한하고 지방과 단백질은 충분히 섭취하는 식사법으로 일본에서 많은 인기를 얻고 있는 다이어트법입니다. 이 방법 역시 탄수화물의 섭취를 제한하는 것만으로도 다이어트가 가능합니다.

보통 혈액 속 혈당을 유지하는 호르몬인 인슐린이 과다한 탄수화물 섭취로 인해 제대로 작용하지 않으면 당뇨병에 걸리게 됩니다. 인슐린이 몸에 지방을 축적시키는 역할도 하기 때문에 인슐린이 대량으로 분비되는 과정이 반복되면 우리 몸은 점점 살이 찌는 체질로 변하게 되는 것이지요. 저탄수화물(저당질) 다이어트는 당질을 제한하는 식사를 유지하면 인슐린(비만호르몬)이 적당히 분비되면서 살이 점점 빠지게 되는 원리입니다.

위 두 가지 다이어트는 단기적으로는 체중 감량 효과를 주면서 혈당 조절, 심장 건강, 뇌관련 질환(파킨슨, 알츠하이머 등 예방), 여드름 억제 등 과학적으로 건강한 몸과 좋은 식습관을 가져다주는 장점이 있다고 알려져 있습니다.

무엇보다 탄수화물의 폭식이 줄게 되고, 상대적으로 체내 연소 속도가 느린 지방과 단백질이 주원료이기에, 갑자기 배가 고프거나 당에 의해서 감정의 기복이 심해지는 현상이 줄어듭니다. 또한 체지방량이 빠르게 감소되어 집중력도 향상되고 몸이 가벼워지는 장점이 있습니다.

한편으로는, 탄수화물을 제한하는 다이어트이다 보니, 우리 몸에 적응하기까지 '키토플루'라는 증상의 불편함이 있을 수 있습니다. 약간의 두통, 무기력증, 메스꺼움 등의 다양한 증상이 나타납니다. 그러나 대부분 일주일 안에 증상이 사라집니다. 만약 일주일 이상 증상이 지속된다면 주치의 상담을 받아보는 게 좋습니다.

저의 경우에는 초기에 심한 피로감과 졸음이 쏟아졌는데 이럴 때 틈틈이 물을 많이 마시고 아침 저녁으로 소금을 탄 물을 마셨습니다. 처음에는 몸이 힘들고 포기할까 하는 마음이 생기기 마련이지만 마음을 편안히 가지고 배고플 때마다 방탄 커피나 방탄 차를 마시면 배고픔도 줄어들고 몸이 금새 적응하게 됩니다.

2

탄수화물을 어느 정도 제한하는 건가요?

저탄수화물·키토식 다이어트에서는 다이어트 단계를 3단계로 구분합니다.

첫 번째, 입문 단계에서는 탄수화물의 양을 100g으로 제한합니다.
두 번째, 완화 단계에서는 탄수화물의 양을 50g으로 제한합니다.
세 번째, 엄격한 단계에서는 탄수화물의 양을 20g으로 제한하여 진행합니다.

* 엄격한 단계의 20g의 탄수화물 양은 식품의 양이 아니라 식품 속에 포함된 순수한 탄수화물의 양을 말합니다.
  보통 이 단계는 초고도 비만이나 급격하게 살을 빼야 하는 경우, 또는 당뇨같은 질환을 가지고 있는 경우에 진
  행합니다. 개인적인 체질에 따라서도 다를 수 있기 때문에 전문가와 상담을 통해 진행하길 권합니다.

책에서는 소개하는 식단은 어떤 단계의 탄수화물 제한 식단인가요?

책에서는 두 가지 다이어트법의 공통점인 탄수화물을 제한하는 식단을 소개하되 급격하고 엄
격한 다이어트를 권유하지 않습니다. 처음부터 어려운 키토 식단을 강요하기 보다는 평균 하
루 50~100g 정도의 탄수화물을 섭취하면서 힘들지 않게 점차적으로 생활 습관으로 바꾸어 나
가는 자연스러운 다이어트 식단을 제시합니다.

어떤 단계에 한정해서 다이어트를 진행하는 것보다는 자신의 몸 상태를 잘 잘펴보고 몸의 변
화에 집중하면서 천천히 식단을 바꾸어 잘못된 식습관을 바로 잡으며 건강한 라이프 스타일로
변화시키는 방법을 추천합니다. 이제 우리는 또다시 요요현상을 겪지 않는, 내 생애 마지막 다
이어트를 라이프 스타일로 바꾸어 생활 습관으로 만드는 식이요법을 실천하려 합니다.

조금 느린 것 같지만 내 몸이 적응하는 시간을 두고 실천하다보면 어느새 내 몸은 가벼워져있
을 것임을 확신합니다.

3

순 탄수화물의 양은 어느 정도 일까?

'순 탄수화물 양 = 전체 탄수화물 – 식이섬유 – 당알콜'

이 책에서는 저탄수화물·키토식 다이어트 식사법을 하면서 탄수화물을 50~100g으로 제한하는 식단을 권유합니다. 여기서 잠깐, 우리가 즐겨 먹는 탄수화물 식품에는 순탄수화물의 양이 어느 정도 들어 있는지 살펴볼까요.

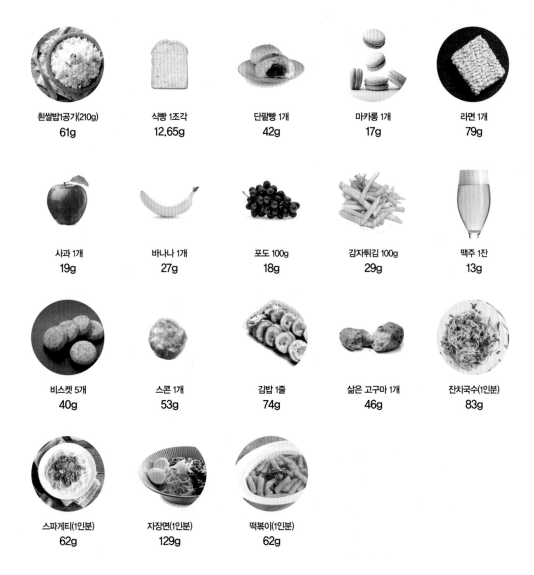

흰쌀밥1공기(210g) 61g	**식빵 1조각** 12.65g	**단팥빵 1개** 42g	**마카롱 1개** 17g	**라면 1개** 79g
사과 1개 19g	**바나나 1개** 27g	**포도 100g** 18g	**감자튀김 100g** 29g	**맥주 1잔** 13g
비스켓 5개 40g	**스콘 1개** 53g	**김밥 1줄** 74g	**삶은 고구마 1개** 46g	**잔치국수(1인분)** 83g
스파게티(1인분) 62g	**자장면(1인분)** 129g	**떡볶이(1인분)** 62g		

4
탄수화물을 제한하고 대신 무엇을 먹어야 하나요?

첫 번째,
몸에 좋은 천연지방 즉 올리브 오일, 아보카도 오일, 버터 등을 충분히 섭취합니다.

몸에서 좋은 에너지원으로 쓰일 수 있는 천연 지방을 포만감이 들 정도로 충분히 먹는 것입니다. 버터의 경우 시중에서 판매하는 제품에는 마가린이 섞여 있는 가짜 버터가 많이 있기 때문에 목초 사료를 먹여 키운 소의 우유로 만든 버터를 추천합니다.

사람마다 체질, 개인별 활동량, 대사량, 영양 성분의 섭취량이 다르기 때문에 먹어야 하는 지방의 종류와 양도 각각 다릅니다. 저 같은 경우에는 코코넛오일만 먹으면 속이 좋지 않고 컨디션이 좋지 않아 먹는 것을 중단했고 그 대신 올리브오일과 버터를 먹었을 때 체중 감량 효과가 좋았기 때문에 올리브오일, 버터 위주로 지방을 섭취했습니다. 또 지방의 먹는 양을 체크해 보고 하루 총 100g 내외로 먹었을 때에 포만감과 체중 감량에 효과가 좋았기 때문에 그 정도의 양에 맞추어 섭취를 했습니다.

우리가 앞으로 할 저탄수화물·키토식 다이어트 식사법에서는 탄수화물 섭취를 100g 정도로 제한하는 것을 감안할 때 지방의 섭취량은 대략 약 30~50% 정도의 비율로 섭취하면 될 것입니다. 다만, 이 기준은 개개인의 건강 상태와 체질에 따라 다를 수 있으므로 본인이 다이어트 중에 자신의 몸에 집중하면서 필요한 양을 찾아내는 것이 중요합니다.

두 번째,

단백질과 지방이 풍부한 돼지고기, 소고기, 오리고기, 닭고기 등을 섭취합니다.

포만감과 쉽게 배고픔을 느끼지 않게 해주는 고기류를 적극적으로 먹으면 됩니다. 고기를 선택할 때는 곡식을 먹여 키운 것 보다는 목초 사료를 먹여 키운 고기를 추천합니다.

세 번째,
신선한 채소류를 적극적으로 섭취합니다.

가급적 가벼운 잎채소 위주가 가장 좋습니다. 대표적인 잎채소
는 상추, 깻잎, 치커리, 배추, 양배추, 양상추, 루꼴라, 브로콜리,
콜리플라워, 시금치, 미나리, 쑥갓, 부추, 아욱 등입니다. 그 외 아
스파라거스, 피망류, 버섯류, 가지, 고추, 대파 등의 채소와 미역,
김, 매생이, 톳, 파래 등 해조류를 섭취합니다.
감자, 고구마, 단호박, 옥수수 등은 당질 함량이 높은 편이라 섭
취를 줄이는 게 좋습니다. 뿌리 채소인 당근, 마늘, 양파, 연근,
무, 우엉 등도 섭취를 줄이는 게 좋습니다.

먹어도 되는 음식과 피해야 하는 음식

저탄수화물·키토식 다이어트를 할 때는 먹어도 되는 음식과 피해야 하는 음식을 구분해서 먹는게 좋아요. 이것은 다이어트 기간에만 한정된 것이 아니라 꾸준히 식습관으로 지속적으로 자리잡을 수 있도록 한다면 지금부터 평생 가볍게 살 수 있습니다.

먹어도 되는 게 더 많아요!

먹어도 되는 음식 YES!		피해야 하는 음식 NO!
MCT오일, 엑스트라버진 올리브오일, 아보카도오일, 코코넛오일, 라드유, 생들기름, 버터	오일류	콩기름, 옥수수유, 카놀라유 등의 식용유, 마가린, 쇼트닝
약간의 뿌리 채소 (우엉, 연근 등), 약간의 단호박	탄수화물류	흰쌀(밥), 밀가루, 빵, 떡, 국수, 죽 등의 음식
버터, 동물성 생크림, 사우어 크림, 치즈, 그릭요거트, 유당을 제거한 우유	유제품류	우유 (유당이 많음), 탈지유
아몬드, 호두, 잣, 마카다미아 등의 견과류	견과류	캐슈넛, 땅콩 (견과류가 아니라 탄수화물이 많음)
· 소고기, 돼지고기, 오리고기, 닭고기 (살코기 뿐만 아니라 껍질 부분도 좋음) · 달걀 · 생선, 조개류 (연어, 고등어 등 지방이 풍부한 것이 좋음)	고기/해산물류	양념 고기 (양념돼지갈비, 제육볶음 등)
에리스리톨, 자일리톨, 스테비아, 나한과 등	당류	설탕, 물엿, 아가베시럽, 메이플시럽
약간의 베리류 (딸기, 블루베리, 라즈베리), 토마토	과일류	사과, 배, 바나나 등
다양한 채소 (아스파라거스, 브로콜리, 양배추, 콜리플라워, 셀러리, 오이, 케일, 상추, 로메인, 버섯, 양파, 해초 등)	채소류	감자, 렌틸콩, 퀴노아, 옥수수
드라이와인, 위스키, 브랜드, 보드카, 증류주	기타	맥주, 스위트와인, 칵테일

5

저탄수화물·키토식 다이어트에서 제한하는 탄수화물의 정체는 무엇인가요?

저탄수화물·키토식 다이어트에서 제한하는 우리가 잘 몰랐던 탄수화물 이야기

책에서 소개하는 저탄수화물·키토식 다이어트 식단에서는 탄수화물의 섭취를 제한하고 있습니다. 탄수화물을 무조건 안먹는게 아니라 나쁜 탄수화물 즉, 입맛을 자극하고 중독성이 강한 나쁜 탄수화물인 정제된 탄수화물의 섭취를 적극적으로 제한합니다.

정제 탄수화물이란 도정되고 가공되어서 원래의 형태에서 멀어진 탄수화물로, 우리 몸의 혈당을 급격히 높이고 자극적인 맛과 중독성을 가지고 있는 당지수가 높은 음식입니다. 대부분 우리가 좋아하고 자주 먹는 흰쌀밥, 라면, 떡, 짜장면, 칼국수, 시리얼, 파스타, 케이크, 과자, 초콜릿, 아이스크림, 설탕 음료 등입니다.

이렇게 가공된 정제 탄수화물을 먹으면 소화 흡수율이 좋아 먹는 즉시 우리 몸의 췌장에서는 비만 호르몬인 인슐린의 분비가 급격히 상승한다고 합니다. 이렇게 되면 혈당이 증가하고 남은 당은 지방으로 저장되지요. 혈당을 급격히 올린 정제 탄수화물은 이후 혈당을 급격히 떨어뜨립니다. 정제 탄수화물을 먹으면 소화 흡수가 금방 되어 배가 쉽게 고파지기 때문에 공복감으로 '가짜 배고픔'이 들어 또 다른 정제 탄수화물을 찾게 되고 단시간동안 과도하게 섭취한 탄수화물은 우리 몸속에 지방으로 저장되고 축적되어 살이 찌는 악순환이 반복되는 것입니다.

이렇게 우리는 정제 탄수화물에 중독된 상태로 지속적인 정제 탄수화물이 많은 음식들을 반복해서 먹게 되었던 것입니다. 바로 탄수화물에 중독된 상태가 된 것이지요.

저탄수화물·키토식 다이어트에서는 정제 탄수화물을 중독에서 벗어나고 과다한 섭취를 줄이고 자연에 가까운 음식을 포만감 있게 먹으면서 다이어트는 물론이고 건강한 몸을 만드는 것을 목표로 합니다.

탄수화물이 먹고 싶은 욕구가 강할 때는 어떻게 하나요?

밥이 먹고 싶을 때는

곤약쌀을 이용하거나 곤약과 현미 등의 곡식을 혼합해서 밥을 짓거나 콜리플라워 잘게 다져 볶아 밥을 만들어요.

현미곤약밥 짓기
(p.226)

귀리곤약밥 짓기
(p.273)

콜리플라워 밥만들기
(p.126)

현미곤약밥 연어포케
(p.224)

김치볶음 콜리라이스
(p.162)

현미곤약 짜장덮밥
(p.252)

귀리곤약김밥
(p.272)

**현미곤약밥
반미샐러드**
(p.300)

**귀리곤약
스테이크덮밥**
(p.386)

연어구이 콜리라이스
(p.124)

밥 없는 오니기리
(p.100)

국수, 면이 먹고 싶을 때는

곤약면, 천사채, 두부면, 쥬키니 등으로 면처럼 즐겨보세요.

곤약면잡채
(p.174)

면두부 로제파스타
(p.240)

아몬드가루 해물오코노미야끼
(p.284)

면두부골뱅이무침
(p.310)

곤약차돌숙주국수
(p.158)

소고기쥬들스볶음
(p.104)

빵이 먹고 싶을 때는

밀가루 대신 아몬드가루나 코코넛 가루를 이용해서 키토빵을 만들거나 저탄수 베이커리 제품을 이용하세요.

키토빵 만들기
(p.307)

90초 키토빵 만들기
(p.282)

아몬드빵 샌드위치
(p.248)

**90초 키토빵
에그쉬림프 오픈토스트**
(p.280)

키토빵 길거리 토스트
(p.306)

시금치베이컨머핀
(p.318)

**90초 키토빵
연어오픈샌드위치**
(p.342)

콜리플라워 팬케이크
(p.378)

에그랩
(p.182)

브로콜리도우피자
(p.154)

햄치즈언위치
(p.154)

**아몬드가루 팬케이크와
베리샐러드**
(p.076)

국내에 유명한 저탄수화물 베이커리를 소개합니다.

콩당베이커리
https://smartstore.naver.com/kongdang

아몬드가루와 천연감미료, 버터, 생크림 등을 이용해 만드는 저탄수베이커리 전문점.
빵 대용의 미니번에서부터 쑥머핀, 당근케이크, 다쿠아즈, 롤케이크까지 다양한 종류의 맛있는 빵을 판매한다.

써니브레드

저탄수화물 베이커리 뿐만 아니라 비건, 글루텐 프리 제품을 판매한다.

제로베이커리
https://zerobakery.kr/

설탕과 밀가루를 사용하지 않는 베이커리. 스콘과 카스테라, 브라우니 등을 판매한다.

키토익스프레스
http://www.ketoexpress.com/

이곳 역시 설탕과 밀가루를 사용하지 않고 만든 빵뿐만 아니라 그래놀라, 나한과 시럽 등을 판매한다.

키토몰
https://smartstore.naver.com/ketomall

외국의 다양한 키토제닉 제품을 구입할 수 있는 곳. 직접 만들어 먹을 수 있는 믹스제품도 판매한다.

다이어트 닥터
https://www.dietdoctor.com/

이곳은 제품을 판매하는 곳은 아니지만 키토제닉 다이어트에 대한 다양한 정보뿐만 아니라 요리 레시피를 만나 볼수 있는 곳이다.

브로콜리 도우피자(p.154)

6

저탄수화물·키토식 다이어트를 하는 중에 간식을 먹어도 될까요?

저탄수화물·키토식 다이어트의 좋은 점은 배고픈 다이어트가 아니라는 점입니다. 간혹 식사 중간에 배가 고플 때에는 너무 참지 마시고 간단한 간식을 먹는 것이 허용됩니다. 이때 정제 탄수화물 등 몸에 좋지 않은 간식 대신 건강과 배고픔을 모두 잡아주는 키토식 간식을 추천합니다.

방탄 커피

블랙커피에 무염버터, MCT오일(코코넛오일에 함유되어 있는 65% 전후의 중쇄지방산을 정제과정을 통해 뽑아낸 오일)을 넣어 만든 커피로, 총알도 막아낼 만큼 강한 에너지를 얻을 수 있다는 뜻에서 붙은 이름입니다. 지방이 있어 한 잔만 마셔도 배고픔을 잊을 만큼 든든하기 때문에 배고플 때 마시면 좋아요.

채소 스틱

샐러리나 오이 등 간단한 채소를 스틱 모양으로 잘라 간식이 생각날 때 먹으면 좋아요. 무엇보다 씹는 욕구를 줄여주어 무엇인가 충분히 먹고 있다는 심적 안정감을 얻을 수 있어요.

견과류

입이 심심할 때 아몬드나 호두 등의 지방이 풍부한 견과류를 먹으면 좋아요.

돼지껍데기 과자

돼지 껍데기를 한입에 먹기 좋게 잘라 튀긴 것으로 치차론이라고도 합니다. 탄수화물은 없고 지방 함량이 많아 과자를 먹는 듯한 기분을 주면서 포만감이 뛰어납니다.

황태칩

황태포에 버터나 올리브유를 충분히 넣고 버무려 굽거나 튀긴 것으로 바삭한 과자 느낌이 나는 간식으로 좋아요.

팻밤(FATBOMB), 무설탕 초콜릿 등

팻밤은 코코넛오일이나 버터, MCT 오일과 코코넛 매스, 코코넛 파우더 등을 섞어 초콜릿 모양으로 만든 간식을 말해요. 설탕을 넣지 않고 천연감미료를 넣어 만들면 탄수화물 없이 지방을 충분히 섭취할 수 있기 때문에 배고플 때 간식으로 먹으면 좋아요. 팻밤을 만들기 번거롭다면 설탕을 넣지 않은 99%의 초콜릿도 간식에 대한 욕구를 줄일 수 있답니다.

7
꼭 4주(한 달) 식단을 기본으로 실천해야 할까요?

이책에는 저탄수화물·키토식 레시피를 아침, 점심, 저녁 4주의 식단으로 제공하고 있습니다. 최소한 한 달 정도의 식단을 실천하면서 몸의 변화를 지켜보면서 하는 게 좋습니다. 저탄수 다이어트, 키토제닉 다이어트를 하는 데 가장 중요한 점은 '무엇을 먹었느냐' 입니다. 우리는 지금 너무 많은 인스턴트 식품과 탄수화물 과잉 식단 속에서 살고 있습니다. 이런 식단이 우리를 살 찌우고 또 건강을 해치고 있기 때문에 조금 더 건강한 재료, 천연 재료를 이용해서 즐겁게 요리하면서 맛있게 먹을 수 있는 식단을 제안합니다. 가급적 우리 주변에서 쉽게 구할 수 있는 재료들 위주이며, 우리 입맛에 맞는 요리 위주로 식단이 구성되어 있습니다.

맛있게 먹으면서 살이 빠지는 즐거운 경험을 하면 됩니다. 좀 더 단기간에 살을 빼고 싶은 분들은 저탄수화물·키토제닉 식이 요법과 함께 간헐적 단식을 병행하시면 됩니다.

◆ 처음 1~2주간은 조금 타이트하게 탄수화물을 많이 제한하는 식단입니다.

처음 이 식단을 시작하면서 탄수화물 양을 많이 줄여 우리 입맛이 탄수화물을 제한하는 데 적응하고 또 많이 찾지 않도록 하는데 도움이 될 만한 레시피 위주의 식단으로 구성했습니다.

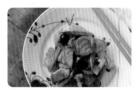  

◆ 3~4주의 식단은 조금 느슨한 저탄수화물 식단입니다.

원하는 체중 감량이 된 후 유지 기간에도 스트레스를 받지 않고 식단을 유지 할 수 있도록 활용 가능한 요리 위주로 식단을 구성했습니다.

4주 식단(한 달 후) 이후 어떤 변화가 있나요?

바쁜 아침에는 식사 준비에 스트레스 받지 않도록 쉽게 준비해서 간단하게 먹을 수 있는 요리 위주로 구성했습니다. 점심은 직장인이나 학생 분들이 도시락을 싸서 먹을 수 있을 만한 요리입니다. 저녁은 조금 편안하게 한식 위주로 또 든든하게 먹을 수 있는 식사 위주로 구성하였습니다.

하루 세끼의 식사를 모두 따라하지 않으셔도 됩니다. 본인의 식사량에 따라 하루에 두끼 정도의 식사를 드시고 남은 한끼 정도는 간단하게 방탄 커피나 간헐적 단식으로 이어나가면 더 빠른 체중 감량 효과를 얻을 수 있습니다.

앞에서도 말씀드렸듯 책에서 소개하는 1~2주 식단을 실천했다고 바로 드라마틱한 효과는 보실 수 없습니다. 우리는 굶어서, 또 칼로리를 극단적으로 제한해서 살을 빼는 다이어트가 아니기 때문입니다. 책에서 소개하는 식단을 최소한 1~2달 정도 꾸준히 따라하면서 그동안 잘못된 식습관으로 인해 나빠졌던 몸의 건강을 바로 잡고 몸에 불필요하게 쌓인 지방을 조금씩 빼 나간다고 생각하면 좋습니다. 약 한 달 후에는 개인에 따라서 3~5kg 정도의 감량 효과를 보실 수 있습니다.

책에 나온 식단을 한 달 정도 꾸준히 따라 하면서 몸이 익숙해지도록 만든 다음, 그 이후에도 가급적 탄수화물을 제한하는 식습관을 유지하게 하도록 하는 것! 이렇게 라이프스타일로 바꾸어 건강하게 가벼운 몸을 지속 가능하도록 만드는 것이 이 책의 최종 목표입니다.

9
당(설탕) 없이 만드는 드레싱 황금 레시피

시판 드레싱이나 소스에는 너무 많은 설탕과 당분이 들어 있어요. 그래서 샐러드만 먹어도 살이 빠지지 않는 이유가 있었지요. 저당질 식사를 간편하고 맛있게 만들어 주는 무설탕 소스와 드레싱 레시피를 소개할게요.

오리엔탈 드레싱/4회 분량

| 재료 | 간장·엑스트라버진 올리브유 3큰술씩, 다진 양파 20g , 식초·에리스리톨 1큰술씩,
　　　 레몬즙 1작은술, 참기름 2작은술, 검은깨 1/2큰술

| 오리엔탈 드레싱이 들어간 요리 |

· 참치올리브샐러드 ··· page 96
· 현미곤약밥 연어포케 ··· page 224
· 할라피뇨참치패티 ··· page 322

| 오리엔탈 드레싱이 잘 어울리는 요리 |

한식 재료와 잘 어울리는 드레싱으로
낫또나 두부, 버섯 등에 잘 어울립니다.

청양고추 소스 / 4회 분량

| **재료** | 액젓 3큰술, 간장·참깨 1작은술씩, 식초 1½ 큰술, 다진 양파 15g, 에리스리톨 1큰술,
빨강·초록 청양고추 1/2개씩

| **청양고추 소스가 들어간 요리** |
· 닭다리살 채소구이 ··· page 56
· 저수분수육 ··· page 128
· 대패삼겹채소찜 ··· page 338

| **청양고추 소스가 잘 어울리는 요리** |
고기 요리에 탄수화물이 많은 쌈장 대신
좋은 소스입니다. 삼겹살이나 고기 등을
구워서 찍어 먹거나 부추, 상추, 봄동 등
에 고춧가루를 살짝 추가해서 겉절이로 먹어도 잘 어울립니다.

시저 드레싱 / 3회 분량

| **재료** | 마요네즈 3큰술(50g), 파마산 치즈가루·에리스리톨 1작은술씩, 레몬즙·엔초비페이스
트·씨겨자 1/2 작은술씩, 후춧가루 약간

| **시저 드레싱이 들어간 요리** |
· 시저샐러드 ··· page 64

| **시저 드레싱이 잘 어울리는 요리** |
닭고기나 로메인에 잘 어울리고 치즈가
들어가는 샐러드, 달걀요리에도 잘 어울
립니다.

발사믹 드레싱 / 4회 분량

| **재료** | 발사믹 식초 3큰술, 식초 1큰술, 레몬즙 1작은술, 다진 양파 20g, 엑스트라버진 올리브 유 3큰술, 씨겨자 2작은술, 파슬리가루 약간

| **발사믹 드레싱이 들어간 요리** |
· 구운버섯샐러드 ··· page 170

| **발사믹 드레싱이 잘 어울리는 요리** |
모차렐라치즈, 토마토와 잘 어울리는 드레싱으로 카프레제에도 잘 어울립니다.

칠리마요 소스 / 3회 분량

| **재료** | 마요네즈 3큰술, 스리라차 소스 1큰술, 레몬즙 2작은술, 에리스리톨 1/2큰술, 다진 할라피뇨 5쪽

| **칠리마요 소스가 들어간 요리** |
· 현미곤약밥 반미샐러드 ··· page 300

| **칠리마요 소스가 잘 어울리는 요리** |
매콤한 맛이 매력적인 소스로 다양한 샌드위치 소스, 해산물, 불고기에도 잘 어울립니다.

와사비마요 소스 / 3회 분량

| 재료 | 마요네즈 3큰술, 생 와사비 2작은술, 에리스리톨·레몬즙 1작은술씩, 소금 한꼬집

| 와사비마요 소스가 들어간 요리 |

· 밥 없는 오니기리 ··· page 100

| 와사비마요 소스가 잘 어울리는 요리 |

와사비 특유의 알싸한 맛이 살아 있어서
훈제 연어, 연어회, 황태포 등과 잘 어울
립니다.

미소된장 드레싱 / 4회 분량

| 재료 | 마요네즈 3큰술, 미소된장 1큰술, 무설탕 땅콩버터 2큰술, 식초·에리스리톨 2작은술씩,
간장 1작은술, 맛술 1/2큰술

| 미소된장 드레싱이 들어간 요리 |

· 구운채소샐러드 ··· page 354

| 미소된장 드레싱이 잘 어울리는 요리 |

된장의 짭짤한 맛이 채소 스틱의 디핑소
스로 활용해도 좋고 두부, 채소 무침에도
잘 어울립니다.

10

저탄수화물·키토식을 위한 소스는 따로 있어요

음식을 먹는 데 있어서 식재료 고유의 맛을 살리고 요리의 완성도를 높이는 것은 소스가 아닐까 합니다. 하지만 우리가 알게 모르게 사용하는 시판 소스에는 생각보다 많은 탄수화물, 당질이 포함되어 있습니다. 특히 달콤한 맛을 내는 소스에는 많은 양의 설탕과 당분이 들어 있기 때문에 소스를 사용할 때에는 될 수 있으면 탄수화물이나 당분이 적은 것을 구입해서 이용하는 것이 좋습니다. 보통 제품 뒷면에 보면 성분 표시가 있는 라벨 부분을 꼼꼼히 살펴보고 구입하는 것이 좋습니다.

특히 저탄수화물·키토식 다이어트 식사법을 하는 경우에는 Total Carbohydrates(탄수화물) 부분을 살펴봐야 합니다. 이때 Dietary fiber(식이섬유)는 몸에 흡수 되지 않고 배출되기 때문에 총 탄수화물 양에서 제외해도 좋습니다. 또 Sugar alcohol(당알콜) 역시 흡수 되지 않고 배출되기 때문에 제외해도 됩니다.

즉 '순 탄수화물 양 = 전체 탄수화물 − 식이섬유 − 당알콜'

이라고 보시면 됩니다. 제품을 구입할 때 뒷면 라벨을 잘 살펴보는 습관을 가지면 건강한 식습관을 갖는데 큰 도움이 됩니다.

저탄수화물·키토식을 하면서 제가 많이 사용하는 제품들을 소개합니다.

엑스트라버진 올리브유

엑스트라버진 올리브유는 올리브를 냉·압착방식으로 만들었어요. 고급 품질의 올리브유일수록 산도가 낮답니다. 발연점이 낮아 보통 생으로 먹는 것을 추천드려요. 샐러드 드레싱이나 요리에 뿌려 먹으면 좋습니다. 볶음이나 튀김으로 이용할 때는 퓨어 올리브유를 추천합니다.

기버터

기버터는 무가염 버터를 끓여서 수분을 증발시킨 뒤 정제해서 만든 버터입니다. 순수한 지방 성분이 99% 이상 이고 보통 유제품에 들어있는 카제인, 유청, 락토스 등이 적어 유당불내증이 있는 사람도 먹을 수 있는 버터입니다.

MCT 오일

코코넛오일에 50~60% 정도 포함 된 중성지방사슬 트리글리세라이드(medium-chain Triglyceride, MCT) 만을 따로 추출해서 만든 오일을 말합니다. MCT 오일은 보통 오일에 비해 분해가 쉽고 체내에서 지방으로 축적되지 않고 바로 에너지로 소비되는 특징이 있기 때문에 다이어트에 도움이 되는 오일로 알려져 있습니다. 또 코코넛오일에 비해 무향, 무취이기 때문에 코코넛오일에 예민한 분들도 쉽게 섭취하기 좋아요.

코코넛 오일

코코넛 오일의 속살에서 추출한 오일이에요. 중쇄지방산이 다량 함유되어 기초대사량을 높이고 지방을 산화시켜 체중감량 효과가 있다고 알려져 있답니다. 올리브유에 비해 높은 발연점을 가지고 있기 때문에 볶거나 튀김에 활용하면 좋은 오일입니다. 다만 다량 섭취시 설사나 복통을 일으킬 수 있기 때문에 조심해야 합니다.

리퀴드아미노스

한식 요리에는 한식 진간장을 사용하는 것이 좋지만 보통 한식 간장은 콩과 밀을 이용해서 만듭니다. 리퀴드아미노스는 100% 콩만으로 만든 간장입니다. 예전에는 직구를 통해서만 구할 수 있었지만 지금은 인터넷 쇼핑몰을 통해서 쉽게 구할 수 있습니다. 리퀴드아미노스가 없다면 한식 진간장을 동량으로 사용해도 좋습니다.

에리스리톨, 스테비

설탕이나 물엿 등의 당분 대체품으로 사용할 수 있는 감미료입니다. 에리스리톨은 과실류, 버섯, 포도주 등 발효 식품에 함유되어 있는 천연 당질로 몸에 흡수되지 않고 그대로 배출되기 때문에 다이어트용 감미료로 많이 이용되고 있습니다. 감미도는 설탕의 70% 정도로 설탕과 동량 정도로 사용하면 됩니다. 다량 섭취시 복통을 일으킬 수 있으므로 적당량을 사용해야 합니다.

스테비는 스테비아라는 식물에 함유된 스테비오사이드라는 성분이 설탕보다 300배의 단맛을 가지고 있는데 이 성분을 추출하여 만든 감미료입니다. 보통 에리스리톨과 함께 섞어 설탕과 비슷한 감미도로 만들어 판매하고 있습니다.

차전자피 가루

질경이 씨앗의 껍질을 갈아 만든 가루로 식이섬유가
풍부한 식품입니다. 보통 물을 머금으면 40배 까지 팽
창하는 성질을 갖고 있는데다 끈적이는 질감이 있어서
키토식을 할 때 밀가루나 전분 대신 끈적이는 질감이
필요할 때나 재료들이 엉기는데 소량 사용합니다.

저당질 고추장 소스

한식에서 빼 놓을 수 없는 소스 중에 하나는 바로 고추
장인데요. 보통 시판 고추장은 찹쌀가루나 밀가루 등
이 들어 있어서 당질이 보통 50% 정도 포함되어 있습
니다. 이런 밀가루나 설탕, 당질을 최소한으로 하고 고
춧가루와 양파 등 천연 재료로 고추장과 같은 질감과
맛을 내고 당질 함유를 최소로 낮춘 제품입니다.

저당질 드레싱

보통 시판 드레싱에는 생각보다 많은 양의 설탕이나
과당 등 당분이 함유되어 있습니다. 이 제품은 설탕이
나 과당 등은 사용하지 않고 채소를 우려 낸 천연 단맛
과 에리스리톨 등을 사용해 단맛을 내 당분 함량을 최
소로 낮춘 제품입니다.

애플사이다 비니거

사과를 발효해서 만든 천연식초입니다. 보통 유기농 제
품들은 첨가물을 넣지 않고 정제 과정을 거치지 않아 발
효균과 효모가 살아있는 식초입니다. 물에 희석해서 타
마시거나 요리에 활용해 섭취하면 좋습니다. 보통 천연
식초를 섭취하면 몸의 알칼리성을 유지하는데 도움이
된다고 합니다.

무설탕 BBQ 소스

설탕을 넣지 않고 만든 BBQ
소스로 고기 요리를 할 때 소
량 사용하면 좋습니다.

스리라차 소스

타바스코 소스와 함께 미국을 대
표하는 매운 소스의 일종으로
고추를 발효시켜 만든 소스입니
다. 칼로리와 당 함량이 적어서
다이어트할 때 매운맛 소스로
사용하면 좋습니다.

커리페이스트

인도 정통의 커리를 만들 수 있는 페이스트
로 커리뿐만 아니라 다양한 양념이 들어있
어 다른 재료 없이 맛있
는 커리를 만들 수 있습
니다. 당분 함량도 적기
때문에 간단하게 만들
어 먹기에 좋습니다.

라드유

돼지고기의 지방 부분인 비
계를 녹여 정제하여 얻은 식
용 유지입니다. 돼지비계는 향이 강하지 않
고 버터에 비해 발화점이 높아서 튀김요리나
볶음 요리 등 높은 온도에서 조리할 때 좋아
요. 건강에 이로운 불포화지방의 함량이 높
아서 고지방 식이에 좋은 기름입니다.

증류 소주

보통의 요리에는 고기의 잡내 제거와
소스의 어우러짐을 위해 맛술을 사
용하지만 맛술에는 당분이 들어 있
어서 저탄수화물 키토식 다이어트
식단에서는 권하지 않는답니다.
대신 첨가물을 넣지 않은 증류식
소주를 사용하면 됩니다.

아몬드가루, 코코넛가루

키토식에서는 밀가루를 최대한 먹지 않도록 하
는 것이 중요합니다. 밀가루를 대신 아몬드가루
나 코코넛 가루를 요리에 활용하시면 됩니다. 보
통 밀가루가 들어가는 요리와 베이킹 등 다양하
게 이용할 수 있습니다. 시판 아몬드가루에는 베
이킹 작업시 효율을 위해 밀가루를 넣은 것도 있
으니 100% 아몬드가루를 골라서 사용하세요.

Week 1

MENU PLAN

저탄수화물 키토식

다이어트
1주 식단

부드러운 연어와
채소의 조합은
키토식의 정석

연어채소볶음

| 칼로리 | 427kcal | 지방 | 33.9g | 단백질 | 23.5g | 탄수화물 | 7.9g | 식이섬유 | 2.7g | 1인분 기준 |

재료 |

연어 100g, 엑스트라버진 올리브유 2큰술, 줄기콩 30g, 파프리카 1/2개, 양송이버섯 2개, 블랙올리브 3개,
마늘 2쪽, 올리브유 적당량, 소금·후춧가루 약간씩

1   연어는 큼직하게 네모 모양으로 썬다.

2   1의 손질한 연어를 볼에 담고 소금, 후춧가루를 약간 뿌린 뒤 엑스트라버진 올리브유 2큰술을 부어준다.

{tip} 이때 딜이나 로즈마리 등의 허브를 함께 넣어주면 은은한 향이 비린내를 잡아줘요.

breakfast

monday

3 ——

4 ——

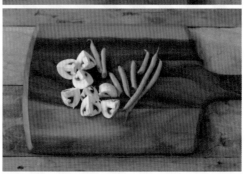

3   파프리카는 길게 채 썬다.

4   양송이버섯은 4등분 하고 블랙올리브는 씨를 뺀 것으로 구입해 반으로 썬다. 줄기콩은 씻어 길이가 긴 것은 반으로
     썰고, 마늘도 반으로 썬다.

5 ——

6 ——

7 ——

breakfast

5   달군 팬에 올리브유를 넉넉히 두르고 2의 연어를 올려 겉면이 노릇하도록 바삭하게 구운 뒤 따로 둔다.

6   연어를 구웠던 팬에 마늘을 올려 굽는다. 마늘이 반쯤 익으면 손질한 줄기콩, 파프리카, 버섯, 올리브를 넣고 센 불에서 살짝 굽는다.

7   6의 채소를 1~2분정도 가볍게 구운 뒤 구워 둔 연어를 함께 넣어 섞는다. 마지막으로 소금, 후춧가루를 뿌려 간한 뒤 완성한다.

면이 없어도
충분히 맛있는,
아삭아삭 식감이 살아 있는
동남아풍 요리

새우볶음

| 칼로리 | 533kcal | 지방 | 40g | 단백질 | 36.1g | 탄수화물 | 4.9g | 식이섬유 | 1g | | 1인분 기준 |

재료 |

새우 100g, 숙주 30g, 부추 10g,
파프리카 20g, 달걀 2개, 양파 1/6개,
코코넛오일 2큰술

볶음 소스 |

액젓 1½큰술, 간장 1/2큰술,
에리스리톨 2작은술, 식초 1작은술,
소금·후춧가루 약간씩

1 ——

1　　새우는 껍질 벗긴 것으로 준비해 씻은 뒤 소금, 후춧가루를 뿌려 밑간한다.

monday

2   파프리카, 양파는 채 썰고 부추는 4㎝ 정도 길이로 썬다. 숙주는 깨끗이 씻어서 물기를 뺀다.

3   분량의 소스 재료는 모두 섞어 둔다.

4   달군 팬에 코코넛오일을 두르고 손질해둔 새우를 넣어 볶는다.

5   새우가 반쯤 익으면 손질해둔 양파, 파프리카를 넣어 볶다가 미리 섞어둔 4의 소스를 넣고 볶는다.

6   5의 양파가 투명하게 볶아지면 볶던 재료를 팬의 한쪽으로 몰아두고 달걀을 넣어 휘저으며 볶아 스크램블을 만든다.

7   6에 손질해둔 숙주와 부추를 넣고 재료를 재빨리 섞는다. 재료의 숨이 죽기 전에 그릇에 담아 남은 잔열로 익혀 완성한다.

{tip} 다진 땅콩이나 고수 등을 곁들여 먹어도 맛이 좋아요.

닭다리살로 만든
부드러운 스테이크와
우리식 청양소스와의
환상적인 조화

닭다리살 채소구이

| 칼로리 | 542kcal | 지방 | 42.9g | 단백질 | 31.3g | 탄수화물 | 8.2g | 식이섬유 | 2.9g | 1인분 기준(소스 1회) |

재료|

닭다리살 150g, 가지 30g,
애호박·양파 1/4개, 가지 1/3개,
아스파라거스 3대, 무염버터 35g,
소금·후춧가루 약간씩

청양고추 소스| 4회 분량

액젓 3큰술, 간장·참깨 1작은술씩,
식초 1/2큰술, 다진 양파 15g,
에리스리톨 1큰술,
빨강·초록 청양고추 1/2개씩

1 ————

dinner

1   닭다리살은 깨끗이 씻어서 물기를 닦아낸 뒤 소금, 후춧가루를 뿌려 간한다.

monday

2 양파는 동그란 모양을 살려서 썰고, 아스파라거스는 질긴 밑동은 잘라내고 한다. 파프리카는 한입 크기로 썬다.

3 가지와 애호박은 길쭉하게 네모난 모양으로 썬다.

4 분량의 소스 재료를 모두 섞어 에리스리톨을 완전히 녹인 뒤 잘게 다진 청양고추를 넣어 소스를 완성한다.

5 ——

6 ——

dinner

5   달군 팬에 버터를 녹이고 닭다리살의 껍질 쪽부터 올려 굽는다.

6   닭고기에서 기름이 나오고 반쯤 익으면 손질해둔 채소를 올려 함께 구워 익힌다. 여기에 만들어 둔 4의 소
         스를 곁들여 내면 완성.

바쁜 아침
부드럽고 감칠 맛
좋은 든든한 한 끼

치즈달걀찜과 명란마요

| 칼로리 | 83kcal | 지방 | 68.4g | 단백질 | 44g | 탄수화물 | 24g | 식이섬유 | 4g | | 1인분 기준 |

재료 |

달걀 3개, 생크림 50g, 물 1/4컵,
베이컨 2줄, 브로콜리 20g,
모차렐라 치즈 3큰술,
소금·후춧가루 약간씩

명란마요 |

명란젓갈 1/2쪽, 마요네즈 4큰술

1 ────

breakfast

1   베이컨과 브로콜리는 잘게 다지듯 썰어둔다.

tuesday

2 ——   3 ——

2   볼에 달걀과 분량의 생크림, 물, 소금, 후춧가루를 넣고 거품기로 잘 섞어둔다.

3   2의 달걀 푼 것에 다져놓은 베이컨과 브로콜리, 모차렐라 치즈를 넣고 섞는다.

4 ——

5 ——

4   내열 용기에 3을 넣고 비닐 랩을 씌우거나 전자레인지용 뚜껑을 덮어 전자레인지에 4분간 돌려 익힌다.

5   명란은 껍질을 벗기고 속의 알만 골라내어 마요네즈와 함께 섞는다.

6   달걀찜이 익으면 5의 명란마요를 곁들여 먹는다.

아삭한 로메인과
잘 구운 닭다리 살에
풍미 좋은
시저드레싱의 꿀맛!

닭다리살 시저샐러드

| 칼로리 | 643.7kcal | 지방 | 53.9g | 단백질 | 31.8g | 탄수화물 | 10.9g | 식이섬유 | 7.9g | 1인분 기준(드레싱 1회) |

재료 |

닭다리 살 1쪽 , 로메인 6~7장,
베이컨칩·파마산 치즈 가루·무염버터 1큰술
씩,
달걀 1개, 아보카도 1/2개,
소금·후춧가루 적당량

시저드레싱 | 3회 분량

마요네즈 3큰술(50g),
파마산 치즈 가루·에리스리톨 1작은술씩,
레몬즙·엔초비페이스트·씨겨자 1/2 작은술씩,
후춧가루 약간

1 ———

1   닭다리 살에 소금, 후춧가루를 넉넉히 뿌려 간한다.

lunch

tuesday

2 ——————   3 ——————

2   달군 팬에 버터를 녹이고 닭다리 살을 올려 겉면이 노릇해지고, 속이 완전히 익도록 충분히 굽는다.

3   로메인은 깨끗이 씻어서 물기를 털어내고, 아보카도는 과육을 분리해 먹기 좋게 썬다.

lunch

4 ——

5 ——

6 ——

4   달걀은 반숙으로 삶아 껍질을 벗기고 반으로 자른다.

5   분량의 드레싱 재료는 모두 섞어둔다.

6   접시에 물기를 털어낸 로메인을 깔고 그 위에 준비한 재료를 모두 올린 뒤 5의 드레싱을 뿌려 완성한다.

감바스 알 아히요는
스페인의 대중 음식으로
좋은 올리브유를
듬뿍 섭취할 수 있고
와인 안주로도 좋은 요리

감바스알아히요

| 칼로리 | 1769kcal | 지방 | 183.9g | 단백질 | 21.2g | 탄수화물 | 7.5g | 식이섬유 | 1.7g | 1인분 기준 (레시피의 올리브를 다 섭취했을 경우) |

재료 |

새우 7마리, 그린올리브 3쪽,
양송이버섯 2개, 마늘 2쪽,
페퍼론치노 1~2개,
엑스트라버진 올리브유 1컵,
방울토마토 4개,
소금·후춧가루 약간씩,
허브(파슬리, 로즈마리, 월계수 잎
등) 적당량

1 ——

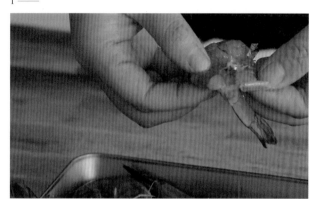

dinner

1   새우는 껍질을 벗기고 머리는 떼어낸다. 손질한 새우에 소금, 후춧가루를 뿌린다.

tuesday

2 ——

3 ——

2   마늘은 편으로 썰고, 페퍼론치노는 반으로 자르거나 부셔둔다.
       양송이버섯은 4등분 하고, 올리브와 방울토마토는 반으로 자른다.

3   주물 팬에 올리브유를 붓고 마늘과 허브, 페퍼론치노를 넣어 약한불로 가열한다.

       {tip} 센 불로 데우면 오일이 타서 좋지 않아요. 약한 불로 천천히 데우는 것이 포인트.

dinner

4   올리브유가 데워지면 양송이버섯과 올리브를 넣고 1~2분 정도 더 끓인다.

5   양송이버섯이 기름을 먹으면 새우와 방울토마토를 넣어 익힌다. 오래 끓이면 새우살이 질겨지므로
     새우가 익을 정도로만 끓이고 소금으로 간한다.

6   완성된 감바스알아히요에 아몬드 빵을 곁들어서 먹으면 좋다.

촉촉하고 부드러운
오믈렛 속에 볶은 버섯을 넣어
담백하고 든든한 식사

버섯오믈렛

| 칼로리 | 654kcal | 지방 | 57g | 단백질 | 29.7g | 탄수화물 | 6.7g | 식이섬유 | 1g | | 1인분 기준 |

재료 |

달걀 3개, 생크림 1/4컵, 양송이버섯 2개, 애느타리버섯 20g, 양파 1/4개, 베이컨 2쪽,
체다 치즈 3큰술, 무염버터 1큰술, 소금·후춧가루 적당량

1 ———

2 ———

1   베이컨은 1cm 폭으로 썬다.

2   양파는 굵게 다지듯 썰고 양송이버섯은 4등분 한다. 애느타리버섯은 먹기 좋게 찢어둔다.

wednesday

3 ——

4 ——

5 ——

3   볼에 달걀과 생크림, 소금, 후춧가루를 넣고 거품기로 잘 섞어 둔다.

　　　[tip] 달걀물을 체에 한번 걸러 사용하면 더 부드러운 식감의 오믈렛을 만들 수 있어요.

4   달군 팬에 베이컨을 넣고 볶은 뒤 따로 접시에 담아둔다.

5   베이컨 볶은 팬에 버터를 녹이고 양파를 넣어 볶는다. 양파가 투명하게 볶아지면 손질한 버섯을 넣고 볶는다.

6 —

7 —

8 —

breakfast

6   버섯이 부드럽게 볶아지면 소금, 후춧가루로 살짝 간을 한 뒤 접시에 따로 담아둔다 .

7   팬에 다시 버터를 조금 넣어 녹인 뒤 3의 달걀물을 넣는다. 달걀이 반쯤 익으면 볶은 베이컨과
     버섯을 올리고 체다 치즈를 올려준다.

8   달걀의 거의 다 익기 전에 팬의 한쪽 면으로 몰아가며 타원 모양을 잡아 오믈렛을 완성한다.

빵 없이 만드는
샌드위치라는 뜻의 언위치!
아삭한 양상추로 속을
감싸 부담 없이 즐기는 한 끼

햄치즈언위치

| 칼로리 | 324kcal | 지방 | 0g | 단백질 | 11g | 탄수화물 | 9.3g | 식이섬유 | 2.3g | | 1인분 기준 |

재료 | 양상추 1/4통, 슬라이스 햄 3장, 슬라이스 치즈 1장, 오이 1/4개, 양파 10g, 토마토 1쪽

소스 | 마요네즈 2큰술, 씨겨자 1작은술

1   양상추는 낱장으로 떼어서 흐르는 물에 깨끗이 씻고 물기를 빼둔다.

2   양파는 얇게 채 썰고 찬물에 담가 매운맛을 뺀 뒤 체에 받쳐둔다.

3 ———

4 ———

3   오이는 필러로 얇게 썰고 토마토는 동그란 모양을 살려 썬다.

4   분량의 마요네즈와 씨겨자는 잘 섞어 소스를 만들어 둔다.

5 ——

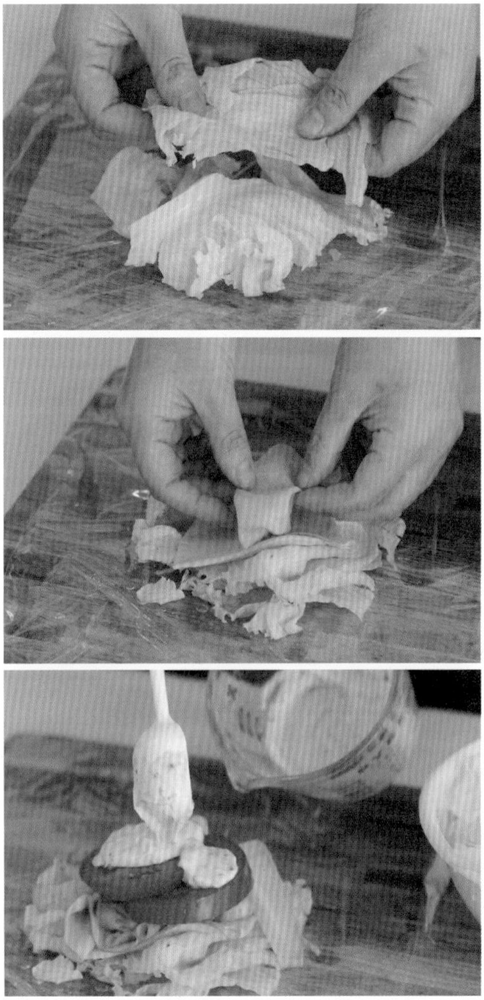

6 ——

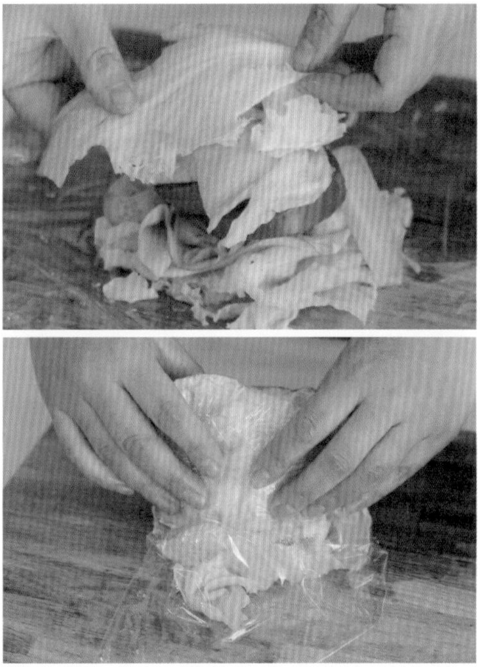

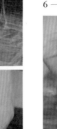

5 도마 위에 비닐 랩을 큼직하게 잘라 펴놓고 그 위에 양상추, 슬라이스 치즈, 슬라이스 햄, 오이, 양파, 토마토 순서로 올린 뒤 마요네즈와 씨겨자 섞은 소스를 바른다.

6 5위에 다시 양상추를 넉넉하게 올려 덮은 뒤 비닐 랩으로 꽉 싸서 잠시 두었다가 먹기 좋게 반으로 자른다.

삼겹살을 응용한
색다른 맛! 삼겹살 속에
아삭한 채소를 넣고 돌돌 말아
간단히 즐기는 식사

삼겹살 채소말이

| 칼로리 | 373kcal | 지방 | 27.3g | 단백질 | 13.5g | 탄수화물 | 20g | 식이섬유 | 5.2g | | 1인분 기준 |

재료|

대패 삼겹살 5줄,
팽이버섯 1/2줌, 가지 1/2개,
빨강·노랑 파프리카·양파 1/4개씩,
아스파라거스 3대,
소금·후춧가루 적당량,
올리브유 1큰술

소스|

간장 1 $\frac{1}{2}$ 큰술, 에리스리톨 1/2큰술,
증류 소주 1큰술

1 ———

2 ———

1   팽이버섯은 밑동을 잘라내고 반으로 썬다.

2   양파와 파프리카도 1의 팽이버섯 크기로 썬다.

wednesday

3 ——

4 ——

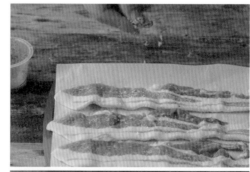

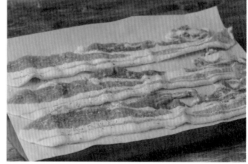

3   아스파라거스는 필러로 껍질을 벗기고 두꺼운 밑동을 잘라낸 뒤 팽이버섯 크기로 자른다.
       가지는 필러로 얇게 썰어 둔다.

4   삼겹살은 얇게 썰어진 것으로 구입해 소금, 후춧가루를 살짝 뿌린다.

6 ——

5 ——

7 ——

5   삼겹살 한쪽 끝에 채소들을 가지런히 올리고 돌돌 만 뒤 풀리지 않도록 이쑤시개로 고정한다.

6   달군 팬에 올리브유를 두르고 삼겹살을 돌려가며 익힌다.

7   삼겹살의 겉면이 익으면 분량의 소스 섞은 것을 넣고 조리듯 구워 완성한다.

키토식의 정석이라 불리는
사골국 수프는
풍부한 지방이 들어 있어서
든든한 한 끼로 충분!

사골국 채소수프

| 칼로리 | 1031kcal | 지방 | 92.3g | 단백질 | 23.5g | 탄수화물 | 32g | 식이섬유 | 8g | | 2인분 기준 |

재료 |

양파 1/4개, 당근 1/3개, 브로콜리 1/4송이, 양배추 3장, 우엉 20g, 사골국·생크림 1컵씩, 무염버터 20g, 소금·후춧가루 적당량

1 ──────

1   양파, 당근, 브로콜리, 우엉, 양배추는 모두 작은 크기로 먹기 좋게 썬다.

thursday

2 ———

3 ———

2   냄비에 버터를 녹이고 1의 손질한 채소를 넣어 약한 불에서 양파가 투명해지고 채소들이 부드러워질 정
       도까지 볶는다.

3   2의 냄비에 분량의 사골국을 넣고 5분 정도 끓인다.

4 ——

5 ——

6 ——

4   3의 채소가 다 익으면 불에서 내리고 믹서기로 곱게 간다.

5   냄비를 다시 불 위에 올리고 생크림을 넣은 뒤 타지 않도록 잘 저어가며 약한 불에서 끓인다.

6   수프가 걸쭉해지면 소금, 후춧가루를 넣어 간한 뒤 완성한다.

{ *tip* } 미리 넉넉한 양을 만들어 1인분씩 소분해 냉동시켜 두면 편하게 먹을 수 있어요.

밀가루 라자냐 대신
가지로 구워 가지특유의
식감이 좋은 고급진 식사

가지라자냐

| 칼로리 | 831kcal | 지방 | 66g | 단백질 | 38g | 탄수화물 | 25g | 식이섬유 | 7g | | 1인분 기준 |

재료

가지 1개 , 다진 소고기 100g,
양파 1/4개, 마늘 2쪽,
토마토 펄프 1컵,
소금·후춧가루·파슬리가루 약간씩,
모차렐라 치즈 50g,
올리브유 3큰술

{ tip }

토마토 펄프는 토마토의 껍질을 벗기고
씨를 제거한 후 잘게 다져놓은 것으로
요리에 바로 사용할 수 있어 편리해요.
이탈리아 산 제품에는 '폴파 디 포모도
로(Polpa di pomodoro)'라고 적혀 있
으니 구입할 때 참고하세요.
만드는 방법이 쉬우니 직접
만들어도 좋아요. 토마토에
칼집을 내서 끓는 물에 살짝
데쳐 껍질을 벗기고 으깨거나
갈아서 사용하세요.

1 ——

2 ——

1   가지는 도톰한 두께로 어슷하게 썬다.

2   달군 팬에 올리브유를 두르고 어슷 썬 가지를 올린 뒤 소금, 후춧가루를 뿌려 약한 불에서 천천히
       구워 익힌다.

3 ——

4 ——

5 ——

3   양파는 잘게 다지고 마늘은 편으로 썬다.

4   달군 팬에 올리브유를 두르고 마늘과 양파를 넣어 볶는다. 양파가 투명해지면 다진 소고기를 넣고 소금, 후춧
     가루를 약간 넣어 함께 볶는다.

5   소고기가 다 익으면 토마토 펄프를 넣고 수분이 날아가도록 5분 정도 약한 불에서 천천히 볶는다.

6 ──

7 ──

lunch

6   오븐 용기에 구운 가지를 깔고, 그 위에 5에서 만든 토마토소스를 얹은 뒤 그 위에 모차렐라 치즈를 적당히 올린다. 이 과정을 한 번 더 반복한 다음 마지막으로 파슬리가루를 뿌린다.

7   180℃로 예열한 오븐에 6을 넣고 10~15분 정도 구워 완성한다.

[tip] 오븐이 없을 경우에는 전자레인지에 넣고 3~4분 정도 돌려 치즈가 녹으면 완성이에요.

맛있게 구운 훈제오리와
아삭한 채소를 함께 올려
와사비 간장에 찍어 먹으면
맛도 포만감도 좋은 식사

훈제오리 채소구이

| 칼로리 | 455kcal | 지방 | 32.3g | 단백질 | 24.5g | 탄수화물 | 22g | 식이섬유 | 3.3g | | 1인분 기준 |

재료 |

훈제오리 100g, 애호박 20g, 노랑·빨강 파프리카 1/5개씩, 양파 1/4개,
양배추 3~4장, 무염버터 10g, 소금·후춧가루 약간씩

소스 |

간장 2큰술, 맛술·식초 1작은술씩, 에리스리톨 1/2큰술, 생와사비 1작은술

1 ——

1   분량의 소스 재료는 모두 함께 섞어 소스를 만들어 둔다.

thursday

2 ——

2   양배추, 애호박, 양파, 파프리카는 모두 3×3㎝ 정도의 먹기 좋은 크기로 썬다.

3 ———

4 ———

3   달군 팬에 버터를 녹인 뒤 준비한 채소를 센 불에서 재빨리 볶는다. 이때 소금과 후춧가루로 간하고 아삭
    한 기운이 남아있을 때 접시에 담는다.

4   훈제오리는 달군 팬에 적당히 구운 뒤 3의 채소 담은 접시에 함께 담는다. 미리 만들어 둔 소스를 곁들여
    마무리한다.

기름기를 뺀 참치에
올리브를 넣어 깔끔하게
즐기는 지중해식 샐러드

참치올리브샐러드

| 칼로리 | 378.8kcal | 지방 | 29.8g | 단백질 | 19.3g | 탄수화물 | 11.7g | 식이섬유 | 30.6g | 1인분 기준(드레싱 1회) |

재료

오이 1/2개, 참치통조림 1/2캔,
블랙·그린올리브 5개씩,
양상추 1/4통, 래디쉬 2개

오리엔탈 드레싱 | 4회 분량

간장·엑스트라버진 올리브유 3큰술
씩, 다진 양파 20g , 식초·에리스리
톨 1큰술씩, 레몬즙 1작은술,
참기름 2작은술, 검은깨 1/2큰술

1 ————

2 ————

1 　　　참치는 체에 밭쳐 기름기를 빼 둔다.

2 　　　양상추는 손으로 뜯어서 흐르는 물에 씻은 뒤 물기를 빼 둔다.

friday

3 ——

3   오이는 필러로 얇게 썰고, 래디쉬도 얇게 썬다. 올리브는 체에 받쳐 물기를 뺀 뒤 먹기 좋게 썬다.

4 ——

5 ——

4   양파는 곱게 다져서 분량의 드레싱 재료와 함께 모두 섞는다.

5   접시에 물기 뺀 양상추를 깔고 그 위에 준비한 재료들을 모두 담은 뒤 4의 드레싱을 곁들인다.

김밥이 먹고 싶은 날,
다양한 재료를 듬뿍 넣어
주먹밥처럼 즐기는
오니기리 식사

밥 없는 오니기리

칼로리	554.6kcal	지방	44.6g	단백질	25g	탄수화물	17.7g	식이섬유	8.3g	1인분 기준(소스 1회)

재료 |

김밥용 구운 김 1장, 아보카도 1/2개,
슬라이스 치즈·슬라이스 햄 2장씩,
달걀 1개,
오이·당근·적양파·빨강 파프리카·
노랑 파프리카 10g씩

와사비마요 소스 | 3회 분량

마요네즈 3큰술, 생 와사비 2작은술,
에리스리톨·레몬즙 1작은술씩,
소금 한꼬집

1 ———

1   분량의 와사비마요 재료는 모두 섞어
     만들어 둔다.

friday

2 ——

2   오이, 파프리카, 적양파, 당근은 곱게 채를 썬다. 아보카도는 반을 잘라 씨를 빼고 과육을 분리한 뒤 얇게 썬다.

lunch

3   달걀은 프라이를 한다.

4   밥그릇처럼 동그란 그릇에 김을 한 장 깔고 그 위에 슬라이스 치즈를 한 장 올린다. 치즈 위에 채 썬 채소와 달걀 프
      라이, 슬라이스 햄, 아보카도, 와사비마요 소스, 슬라이스 치즈 순으로 올린 뒤 김으로 감싸 주먹밥처럼 감싸 만든다.

5   비닐 랩으로 4를 돌돌 말아 고정했다가 가운데 부분을 잘라서 그릇에 담아 완성한다.

면요가 먹고 싶은 날!
쥬키니 호박으로 면을 만들어
소고기와 함께 담백하고
고급지면서 깔끔하게
즐기는 식사

소고기쥬들스볶음

| 칼로리 | 600kcal | 지방 | 36.4g | 단백질 | 44.2g | 탄수화물 | 22.2g | 식이섬유 | 3g | | 1인분 기준 |

재료 |

소고기(등심) 200g, 쥬키니 호박 1개,
적양파 1/4개, 마늘 2쪽,
참깨 1작은술, 참기름 1/2큰술,
올리브유 2큰술

소스 |

간장 2$\frac{1}{2}$큰술,
스리라차 소스·맛술 1큰술씩,
에리스리톨 2작은술,
후춧가루 약간

1 ———

1   쥬키니 호박은 스피럴라이저를 이용해 면처럼 뽑아 둔다.

{ tip } 스피럴라이저가 없을 경우 채칼로 썰어도 좋아요.

friday

2   적양파는 채 썰고 마늘은 편으로 썬다.

3   분량의 소스 재료는 모두 섞어 양념을 만들어 둔다.

4   소고기는 먹기 좋게 도톰한 크기로 썬 뒤 3에서 만들어둔 소스의 1/2만 넣고 버무려 밑간 해 둔다.

5   달군 팬에 올리브유를 넉넉히 뿌리고 마늘을 넣어 굽는다. 마늘이 반쯤 익으면 4의 양념한 소고기를 넣어
     타지 않게 중불에서 굽는다.

6 ——   7 ——

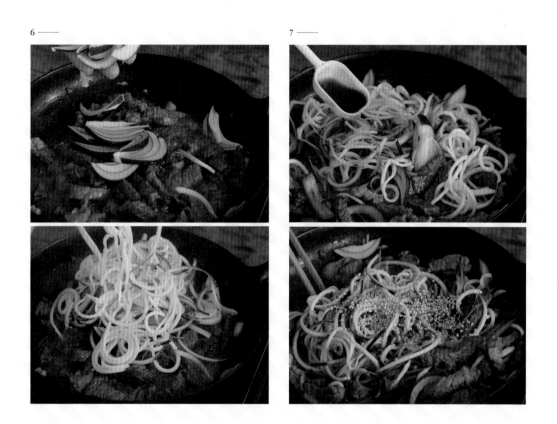

dinner

6   소고기의 양면이 노릇하게 구워지면 적양파와 쥬키니를 넣어 볶는다.

7   양파가 투명해지면 4에서 남은 소스를 모두 넣어 섞고, 마지막으로 참깨와 참기름을 넣어 완성한다.

생각보다 얼큰한
맛이 매력적인
수프 한 그릇!

칠리토마토수프

| 칼로리 | 502kcal | 지방 | 32.7g | 단백질 | 26.7g | 탄수화물 | 27.9g | 식이섬유 | 7.6g | | 2회 분량 기준 |

재료 |

양배추·다진 소고기 100g씩, 양파 1/3개, 당근 20g, 양송이버섯 3개, 피망 1/2개, 다진 마늘·카옌페퍼 1작은술씩, 무염버터 1½ 큰술,
토마토 펄프 1½ 컵, 파프리카 가루 1/2작은술, 소금·후춧가루 적당량, 닭 육수(혹은 물) 1컵, 월계수 잎 1장, 타임 2줄기

1 ——

1   양파와 당근, 피망은 옥수수알 크기로 작게 썬다. 양배추는 한입 크기로 썰고, 양송이버섯도
     한입 크기로 4등분 한다.

saturday

2 ——

3 ——

2   달군 냄비에 버터를 녹이고 다진 마늘과 다진 소고기를 넣어 볶는다.

3   소고기가 반쯤 익으면 손질한 양배추와 양파, 당근, 피망을 넣고 타지 않도록 중약 불에서 볶는다.

4 ——

5 ——

4   3의 양파가 투명해지면 분량의 토마토 펄프와 닭 육수를 넣고 15분 정도 끓인다. 이때 월계수 잎과 타임
     등 허브를 넣어주면 좋다.

5   채소가 부드럽게 익도록 약한 불에서 뭉근하게 끓인 뒤 카옌페퍼와 파프리카 가루, 소금과 후춧가루를 넣
     어 간한다.

     {tip} 카옌페퍼의 양은 취향대로 조절하고, 없을 경우 고운 고춧가루를 대신 사용해도 좋아요.

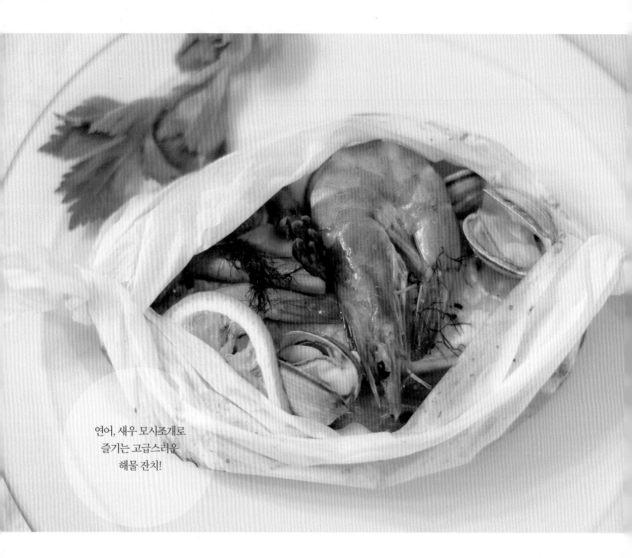

연어, 새우 모시조개로
즐기는 고급스러운
해물 잔치!

해물파피요트

| 칼로리 | 641kcal | 지방 | 40.8g | 단백질 | 59.7g | 탄수화물 | 3.3g | 식이섬유 | 0.6g | | 1인분 기준 |

재료 |

연어 200g, 새우 3마리,
모시조개 3~4개, 아스파라거스 2대,
샐러리 1/4대, 레몬·마늘 1쪽씩,
딜 약간, 올리브유 2큰술,
화이트와인 1큰술,
소금·후춧가루 적당량

1 ——

lunch

1   연어는 흐르는 물에 씻어서 물기를 닦아내고 소금, 후춧가루를 뿌려둔다. 새우와 모시조개는
깨끗이 씻은 뒤 새우의 긴 수염은 가위로 자른다.

saturday

2   아스파라거스는 밑동을 필러로 벗겨 질긴 부분은 잘라낸 뒤 5cm 길이로 썬다. 마늘은 편으로 썰고, 샐러리도 줄기
     쪽을 1cm 두께로 썬다.

3   종이 포일을 도마 위에 펴고 밑간한 연어와 새우, 모시조개를 올린다.

lunch

4   해산물 위에 손질한 마늘, 아스파라거스, 샐러리, 딜, 레몬을 올린다.

5   종이 포일 양 끝을 오므려 사탕 모양으로 접고, 가운데를 벌려 재료 위에 화이트와인과 올리브유를 뿌린다.
       소금과 후춧가루도 약간 뿌린다.

6   200℃로 예열한 오븐에 5를 넣어 15~20분 동안 구워 완성한다.

부드러운 함박스테이크와
담백한 소스로
외식 분위기 내기

토요일
저녁

함박스테이크

| 칼로리 | 717.3kcal | 지방 | 57.2g | 단백질 | 38.8g | 탄수화물 | 13.8g | 식이섬유 | 3.7g | | 1인분 기준 |

재료|

햄버거스테이크 1개,
무염버터 2큰술, 시금치 30g,
달걀 1개

햄버거스테이크 반죽 | 3개 분량

다진 소고기·다진 돼지고기 200g씩,
다진 마늘 2작은술,
다진 양파 1/2개 분량, 달걀 1개,
아몬드가루 4큰술,
넛맥 가루·후춧가루 약간씩,
소금 1/2작은술, 올리브유 1큰술

소스|

채 썬 양파 1/2개 분량,
토마토 펄프 1/2컵, 간장 1½큰술,
에리스리톨 1큰술, 후춧가루 약간

1 ———

1   햄버거스테이크 반죽에 들어갈 양파는 잘게 다져 팬에 올리브유를 넣고 약한 불에서 충분히 볶은
뒤 접시에 담아 식힌다.

saturday

2   볼에 다진 돼지고기와 소고기를 넣고 1의 볶은 양파와 다진 마늘, 달걀, 아몬드가루, 넛맥 가루, 소금,
후춧가루를 넣어 골고루 잘 치댄다.

3   고기에 끈기가 생기면 150g씩 나누어 동그란 모양으로 잡아둔다.

4   달군 팬에 버터를 녹이고 3의 햄버거스테이크 반죽을 앞뒤로 노릇하게 굽는다.

[tip] 반죽 속까지 완전히 익히려면 중간 불에서 겉면을 익힌 뒤약한 불로 줄이고 뚜껑을 덮어 구워주세요.

dinner

5   달걀은 반숙(써니사이드업)으로 프라이를 해둔다.

6   달군 팬에 버터를 녹이고 씻어놓은 시금치를 볶아 소금으로 가볍게 간을 한 뒤 접시에 함께 담아둔다.

7   팬에 다시 버터를 녹이고 소스용 채 썬 양파를 넣어 볶다가 나머지 소스 재료를 모두 넣어 끓인다.

8   그릇에 4의 구운 햄버거스테이크를 담고 그 위에 7의 소스를 부어준다. 그 위에 달걀 프라이를 올려 완성한다.

브런치 카페처럼
집에서도 쉽게 만들어
즐기는 식사

에그베네딕트

칼로리	630kcal	지방	53.7g	단백질	27g	탄수화물	14.7g	식이섬유	8.2g		1인분 기준

재료 |

달걀 2개, 시금치 30g,
슬라이스 햄 4장, 토마토 2쪽,
아보카도 1/2개, 어린잎 채소·소금·
후춧가루 약간씩, 식초 1/2큰술

홀랜다이즈 소스 |

무염버터 30g, 달걀노른자 1개,
레몬즙 1/2큰술,
소금·후춧가루 약간씩

1

1   토마토는 동그란 모양을 살려 도톰하게 썬 뒤 소금과 후춧가루를 살짝만 뿌려둔다.

sunday

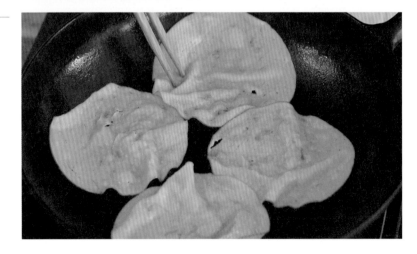

2   시금치는 밑동을 잘라 다듬고 깨끗하게 씻는다.

3   달군 팬에 버터를 녹이고 손질해둔 시금치를 넣어 살짝 볶는다. 여기에 소금과 후춧가루로 간한다.

4   슬라이스 햄도 가볍게 굽는다.

5 ——

6 ——

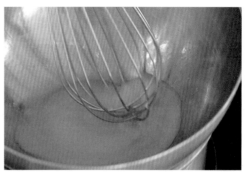

7 ——

8 ——

5   냄비에 식초를 조금 넣고 물을 끓이다가 살짝 끓어오르면 수저로 냄비 가장자리를 원으로 돌리면서 물 중앙에 그릇에 깨어놓은 달걀을 넣고 2~3분 정도 익힌다. 완성된 수란은 꺼내서 찬물에 담가둔다.

6   볼에 달걀노른자를 푼 후, 따뜻한 물이 있는 냄비 위에 얹고 중탕으로 녹인 버터를 조금씩 넣으면서 거품기로 섞는다.

       { tip } 달걀노른자 담은 볼을 뜨거운 물 위에 올리거나 직화로 가열하면 달걀이 익어 덩어리가 져요. 따뜻한 물 위에 올려 계속 저어주어 덩어리가 생기지 않도록 해주세요.

7   6을 거품기로 계속 저어주며 레몬즙과 약간의 소금, 후춧가루로 간을 한다. 소스가 걸쭉해지면 완성.

8   접시에 토마토, 햄, 시금치, 수란 순서로 올리고, 그 위에 7의 소스를 뿌린 뒤 어린잎 채소를 곁들여낸다.

밥이 그리운 날
밥 대신 콜리플라워로
밥을 삼아 먹는
가벼운 덮밥 한 그릇

연어구이 콜리라이스

| 칼로리 | 702kcal | 지방 | 50.8g | 단백질 | 38.6g | 탄수화물 | 26.9g | 식이섬유 | 10.6g | | 1인분 기준 |

컬리라이스 |

콜리플라워 1/4송이, 올리브유 1큰술,
소금·후춧가루 약간씩

재료 |

연어 150g, 아보카도 1/2개,
적양파 1/6개, 줄기콩 5개,
올리브유 1큰술, 로즈마리 약간

소스 |

간장 1 ½ 큰술, 증류 소주·물 1큰술씩,
에리스리톨 1작은술, 후춧가루 약간

1 ——

1   콜리플라워는 깨끗하게 씻어서 물기를 빼고 곱게 칼로 다지거나 푸드프로세서를 이용해서 잘게
다진다.

sunday

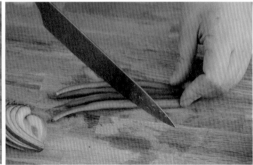

2   달군 팬에 올리브유를 두르고 다진 콜리플라워를 넣어 중불에서 볶는다. 수분을 날려가며 볶다가 소금, 후춧가루를 넣어 간한다.

         {tip} 조금 더 찰진 식감을 원한다면 콜리플라워에 열기가 있을 때 모차렐라 치즈를 넣고 잘 섞어주세요.

3   연어는 도톰하게(스테이크처럼) 썰고 소금, 후춧가루, 올리브유를 뿌려 밑간한다.

         {tip} 이때 로즈마리나 딜 같은 허브를 함께 넣어주면 허브 향이 비린내를 잡아줘요.

4   적양파는 곱게 채 썰고, 줄기콩은 너무 긴 것은 반으로 잘라둔다. 아보카도는 과육을 분리해 먹기 좋게 썬다.

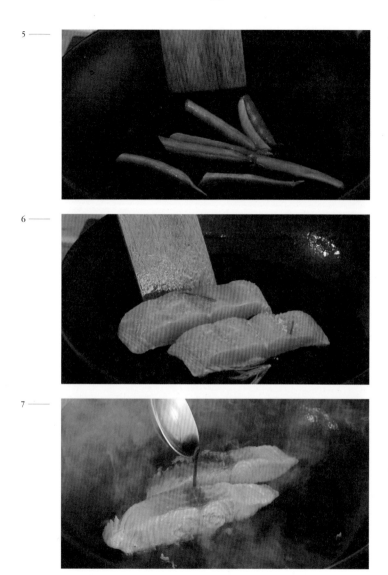

5   달군 팬에 올리브유를 두르고 줄기콩을 볶아 파랗게 변하면 접시에 따로 담아둔다.

6   팬에 밑간한 연어를 올리고 겉면이 바삭하도록 돌려가며 굽는다.

7   연어의 겉면이 바삭하게 구워지면 분량의 소스 재료를 모두 섞어 연어에 붓고 조리듯 구워낸다.

8   그릇에 콜리플라워 볶은 것을 담고 그 위에 조린 연어와 채 썬 양파, 줄기콩을 올려 비벼 먹는다.

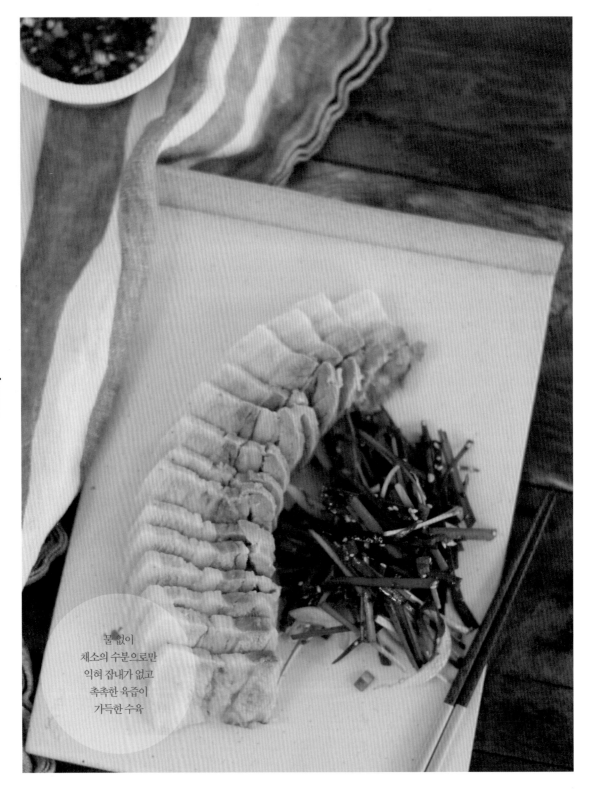

물 없이
채소의 수분으로만
익혀 잡내가 없고
촉촉한 육즙이
가득한 수육

저수분수육과 부추무침

칼로리	2117kcal	지방	175.4g	단백질	111.2g	탄수화물	19.1g	식이섬유	5.7g	2회 분량 기준

재료|

통삼겹살 600g, 대파 2대, 양파 1개, 마늘 2개, 생강 2쪽, 월계수 잎 1장, 통후추 약간

부추무침|

부추 150g, 양파 1/3개

소스|

액젓 1 ½ 큰술, 간장·고춧가루·에리스리톨 1작은술씩, 청량고추 1개, 식초 1큰술, 참깨·참기름 약간씩

1 ——

1 　　양파와 대파를 큼직하게 썰어서 두꺼운 냄비나 주물냄비 바닥에 넉넉히 깔아준다.

2 ——   3 ——

2   1의 채소 위에 통삼겹살을 껍질 부분이 아래로 가도록 놓고, 그 위에 마늘, 생강, 통후추, 월계수 잎을 올린 뒤 중불
       에 올린다. 냄비에서 김이 나기 시작하면 약불로 줄인 뒤 40~50분 정도 더 익히고 젓가락으로 찔러 보아 핏물이 나
       오지 않으면 불을 끄고 5분 정도 뜸을 들인다.

3   무침용 부추는 4㎝ 정도의 길이로 썰고, 양파도 채 썬다.

4

5

dinner

6

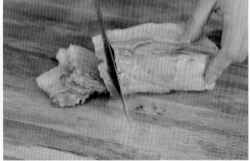

4   소스용 청량고추는 잘게 다져서 나머지 소스 재료와 함께 섞어둔다.

5   볼에 3의 부추와 양파를 담고 4의 소스를 넣어 먹기 직전에 버무려 접시에 담는다.

6   뜸 들인 삼겹살은 한 김 식힌 뒤 도톰하게 썰어서 5의 부추무침과 함께 접시에 담아낸다.

Week2

MENU PLAN

저탄수화물 키토식

다이어트
2주식단

monday

호텔 조식처럼
즐기는 근사한
아침 식사

아메리칸브랙퍼스트

| 칼로리 | 1054kcal | 지방 | 97.9g | 단백질 | 37.9g | 탄수화물 | 7.3g | 식이섬유 | 1g | | 1인분 기준 |

재료|

소시지 2개, 베이컨 3줄, 달걀 2개,
생크림 3큰술, 소금·후춧가루 약간씩,
방울토마토 2~3개, 루콜라 20g,
버터 1큰술

소스|

발사믹 식초 1큰술,
엑스트라버진 올리브유 2큰술

1 ——

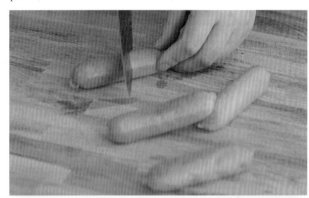

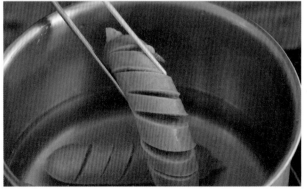

breakfast

1   소시지는 칼집을 넣고 끓는 물에 데쳐낸다.

monday

2 ———

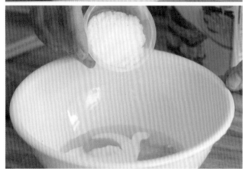

3 ———

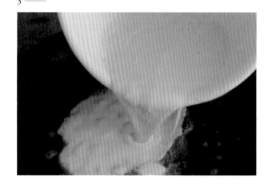

4 ———

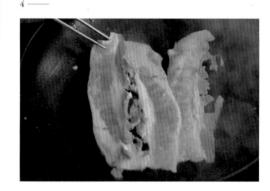

2   볼에 달걀과 분량의 생크림, 소금, 후춧가루를 넣고 잘 섞는다.

3   버터를 녹인 팬에 2의 달걀물을 붓는다. 달걀이 익기 시작하면 젓가락으로 휘저어 스크램블을 만든다.

4   베이컨은 팬에 바삭하게 굽는다.

5 ——

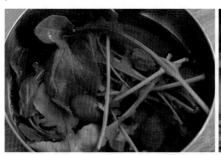 

6 ——

breakfast

5   루콜라와 방울토마토는 깨끗이 씻어서 물기를 뺀 뒤 방울토마토는 반으로 썰고, 루콜라도 너무 긴 것은 반으로 자른다.

6   준비한 모든 재료를 접시에 담고, 발사믹 식초와 올리브유 섞은 것을 루콜라 위에 뿌려 완성한다.

새우에 베이컨을
돌돌 말고 새우의 맛과 향이 밴
채소의 어우러진
고소한 맛이 일품!

새우베이컨말이

| 칼로리 | 360kcal | 지방 | 22.9g | 단백질 | 30.6g | 탄수화물 | 10.7g | 식이섬유 | 2.2g | | 1인분 기준 |

재료 |

새우 6마리, 베이컨 3장, 무염버터 · 쯔유 1큰술씩, 소금 · 후춧가루 약간씩, 양배추 50g, 애호박 1/4개, 대파 1/2대

1 ——

1   새우는 머리는 떼어내고 껍질을 벗긴 뒤 소금, 후춧가루를 뿌린다.

monday

2 ——

3 ——

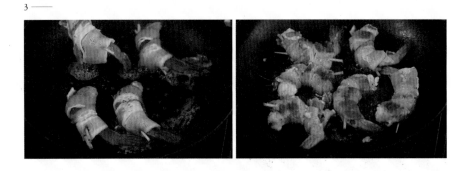

2   베이컨의 끝에 손질한 새우를 올리고 돌돌 만 다음 끝 부분이 풀리지 않도록 이쑤시개로 찔러 고정한다.

3   달군 팬에 버터를 녹이고 2의 베이컨새우말이를 올려 굽는다. 겉이 타지 않고 새우의 속까지 완전히 익도록 약한 불에서 서서히 굽는다. 새우가 다 익으면 그릇에 담는다.

4 ——   5 ——

lunch

4   양배추와 애호박은 도톰하게 채를 썬다. 대파는 송송 썬다.

5   새우를 구운 팬에 송송 썬 대파를 넣고 볶다가 대파의 향이 올라오면 양배추와 애호박을
     넣고 숨이 죽을 정도로 볶는다. 마지막에 쯔유를 넣고 살짝 볶은 뒤 3의 접시에 함께 담아
     낸다.

{tip} 새우에 칠리 플레이크를 뿌려 함께 먹으면 새우의 느끼함이 사라지고 맛이 더 좋아요.

얼큰한 국물이 당기는 날,
차돌박이를 넣어
고소하고 매운 한 끼 식사

차돌박이찌개

| 칼로리 | 524kcal | 지방 | 28.2g | 단백질 | 50.7g | 탄수화물 | 23.1g | 식이섬유 | 9.1g | | 1인분 기준 |

재료 |

차돌박이 150g, 청경채 2포기, 양파 1/4개, 대파 1대, 숙주 100g, 애느타리버섯 30g, 팽이버섯 1봉, 들기름·새우젓 1큰술씩,
고춧가루 2½ 큰술, 육수(사골국물 또는 물) 3컵, 다진 마늘 1작은술, 소금·후춧가루 약간씩

1 ——

dinner

1   청경채는 한 잎씩 떼어 반으로 자르고 양파는 채 썬다. 대파는 3㎝ 정도의 길이로 잘라 반으로 가르고
     버섯은 먹기 좋게 떼어 놓는다. 숙주도 깨끗이 씻어둔다.

monday

2   냄비에 들기름을 두르고 차돌박이를 넣어 볶는다.

3   차돌박이가 반쯤 익으면 손질해 둔 양파와 대파, 청경채의 단단한 부분을 넣고 함께 볶는다.

4   양파가 투명해지면 고춧가루를 넣고 약한 불에서 타지 않게 볶다가 분량의 육수를 붓는다.

5

6

dinner

5 육수가 끓기 시작하면 손질한 버섯과 숙주, 청경채의 푸른 잎 부분을 넣고 더 끓인다.

6 새우젓과 다진 마늘을 넣어 간을 한 뒤 모자라는 간은 소금과 후춧가루로 한다.

고소한 들깨 가루를
듬뿍 넣어
진한 국물이 맛있는 미역국

버섯들깨미역국

| 칼로리 | 162kcal | 지방 | 8.7g | 단백질 | 13.1g | 탄수화물 | 10.2g | 식이섬유 | 1.5g | 1인분 기준 |

재료 |

표고버섯 2개, 느타리버섯 25g, 팽이버섯 1/2봉, 건미역 5g, 사골국물 2컵, 청·홍고추 약간씩, 들깨가루 2큰술, 소금 약간

1 ——

2 ——

1   건미역은 먹기 좋게 잘라 물에 불린 뒤 씻어서 체
    에 밭쳐둔다.

2   표고버섯과 팽이버섯은 밑동을 잘라내 먹기 좋게
    썰고, 느타리버섯도 찢어둔다. 고추는 송송 썬다.

tuesday

3 ———

4 ———

3   달군 팬에 들기름을 두른 뒤 물기 뺀 불린 미역을 넣고 볶는다.

4   미역을 볶다가 분량의 사골국물을 넣고 미역이 부드러워질 때까지 15분 정도 충분히 끓인다.

5 ——

6 ——

5   미역이 부드러워지면 손질한 버섯과 들깨가루를 넣고 약불로 줄여 끓인다.

6   5에 썰어 놓은 고추를 넣고, 소금으로 간을 해 완성한다.

버터에 구워 고소한
스테이크를 다양한 채소와 함께
즐기는 든든한 식사

찹스테이크

| 칼로리 | 616kcal | 지방 | 42g | 단백질 | 45.1g | 탄수화물 | 15.1g | 식이섬유 | 4.2g | | 1인분 기준 |

재료 |

소고기(등심) 200g, 마늘 1쪽, 양파 1/4개,
미니양배추 3~4개, 브로콜리 4~5쪽,
빨강·노랑 파프리카 1/6개씩,
소금·후춧가루 약간씩, 올리브유 1큰술,
허브(로즈마리나 타임) 약간씩, 무염버터 1큰술

소스 |

토마토 펄프 1/4컵,
간장·무설탕 바비큐 소스 1큰술씩,
에리스리톨 1작은술, 후춧가루 약간

1 ————

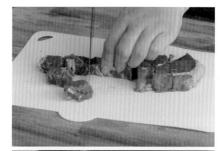

1   소고기는 등심으로 준비해서 큼직하게 큐브모양으로 썰고 소금, 후춧가루, 허브, 올리브
유를 뿌려 잠시 재워둔다.

151

tuesday

2 ——

3 ——

2   마늘은 편으로 저미고 양파, 파프리카는 한입 크기로 썬다. 미니양배추는 너무 큰 것은 반으로 자르고 브로콜리도
     한입 크기로 썰어둔다.

3   분량의 소스 재료를 모두 섞는다.

4   달군 팬에 버터를 녹이고 1의 밑간한 소고기와 마늘을 올려 굽는다. 소고기의 겉면을 돌려가며 굽는다.

5   고기의 겉면이 익으면 2의 준비한 채소를 넣고 1분 정도 센 불에서 볶는다.

6   3에서 준비한 소스를 5의 팬에 붓고 센 불에서 타지 않게 1분 정도 더 볶아 완성한다.

밀가루 없이!
브로콜리로 만든 도우에
치즈를 듬뿍 올려
고소함이 가득한 피자

브로콜리도우피자

칼로리	449kcal	지방	26.4g	단백질	34.8g	탄수화물	20.7g	식이섬유	4.8g	2~3인분 기준

도우 반죽 |

브로콜리 1/2송이,
달걀 1개, 파마산 치즈가루 1큰술,
모차렐라 치즈 1/4컵,
소금·후춧가루 약간씩

피자 토핑 |

토마토 펄프 1/4컵, 슬라이스 햄 4장,
방울토마토·블랙올리브 5개씩,
모차렐라 치즈 1컵, 루콜라 20g

1 ——

2 ——

dinner

1   브로콜리는 듬성듬성 잘라서 깨끗이 씻고 물기를 뺀다.

2   물기 뺀 브로콜리를 푸드프로세서로 곱게 다진다.

tuesday

3 ———

4-1 ———

4-2 ———

5 ———

3   다진 브로콜리에 나머지 분량의 도우 반죽 재료를 모두 넣고 갈아서 반죽을 만든다.

4   오븐 팬 위에 종이 포일을 깔고 3의 도우 반죽을 얇게 펴 올린다.

5   180℃로 예열한 오븐에 도우 반죽을 넣고 8~10분 정도 굽는다.

6   슬라이스 햄과 루콜라를 준비하고, 방울토마토와 올리브는 동그란 모양을 살려 썬다.

7   다 구워진 5의 크러스트를 꺼내 토마토 펄프를 넓게 펴 바르고 그 위에 6에서 손질해둔 토핑과 모차렐라 치즈를 올린 뒤 200℃로 예열한 오븐에서 10~15분 동안 치즈가 녹을 정도로 굽는다.

8   치즈가 다 녹으면 오븐에서 피자를 꺼내 슬라이드 햄과 루콜라를 올리고 취향에 따라 파마산 치즈를 뿌려 완성한다.

국수가 먹고 싶은 날에
쌀국수 대신 곤약 면으로
만들어 깔끔하게 즐기는 식사

곤약차돌숙주국수

| 칼로리 | 279kcal | 지방 | 9.2g | 단백질 | 38.1g | 탄수화물 | 7.8g | 식이섬유 | 0.5g | | 1인분 기준 |

재료 |

차돌박이 100g, 소고기 육수(또는
시판 갈비탕) 3컵, 곤약면 1봉,
숙주 40g, 대파 1/4대, 양파 1/4개,
청양고추 1/2개, 레몬 1쪽, 고수 약간,
피쉬소스 1큰술

양파초절임 소스 |

물 3큰술, 식초 2큰술, 소금 2g,
에리스리톨 2작은술

1 ———

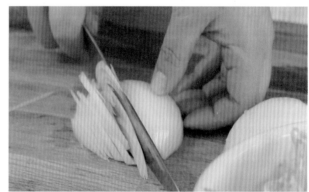

breakfast

1   숙주는 깨끗이 씻어서 물기를 빼고 양파는 곱게 채를 썬다. 대파와 고추는 송송 썰고 고수도 씻어서 물기를 빼둔다.

2 ——

3 ——

4 ——

2   분량의 양파초절임 소스 재료를 섞어 채 썬 양파를 20분 이상 담가둔다.

3   냄비에 분량의 소고기 육수를 붓고 끓인다.

4   육수가 끓기 시작하면 피쉬소스를 넣어 간하고, 차돌박이를 넣어 익힌다. 이때 모자라는 간은 소금으로 한다.

breakfast

5   씻어서 물기 뺀 곤약면을 그릇에 담고, 그 위에 숙주를 듬뿍 올린다.

6   5의 국수 그릇에 4의 팔팔 끓인 육수와 고기를 담고, 2의 양파초절임과 손질해 둔 대파, 고추, 고수를 올린 뒤 레몬 조각을 올려 완성한다.

매콤하게 먹는
김치 볶음밥이 그리운 날,
탄수화물 걱정 없는
콜리플라워 김치볶음밥

김치볶음 콜리라이스

| 칼로리 | 869kcal | 지방 | 68.4g | 단백질 | 45.4g | 탄수화물 | 21.3g | 식이섬유 | 12.7g | 1인분 기준 |

재료 |

콜리플라워 1/2송이, 올리브유 1큰술,
소금·후춧가루 약간씩,
송송 썬 김치 1/2컵, 돼지고기 목살
100g, 고춧가루 1작은술, 달걀 1개,
모차렐라 치즈 2큰술,
무염버터 1큰술

lunch

1 ——

2 ——

1   콜리플라워는 적당히 썰어 깨끗하게 씻고 물기를 뺀다.

2   물기 뺀 콜리플라워를 쌀알 크기로 잘게 다진다.

wednesday

3 —

4 —

5 —

3   달군 팬에 올리브유를 두른 뒤 2의 다진 콜리플라워를 넣고 볶는다. 수분이 날아가도록 5~6분 정도 충분
     히 볶은 뒤 소금, 후춧가루로 간한다.

     {tip} 한번 만들 때 넉넉히 만들어서 지퍼 백이나 밀폐용기에 담아 냉동 보관해 두었다가 필요할 때 사용하면 편리해요.

4   김치는 송송 썰고 목살도 먹기 좋게 한입 크기로 썰어둔다.

5   달군 팬에 버터를 녹이고 목살을 넣어 볶는다. 고기가 반쯤 익으면 송송 썬 김치를 넣고 타지 않게 중약 불
     에서 같이 볶는다. 이때 조금 더 매콤한 맛을 원하면 고춧가루를 추가해도 좋다.

6 ———

7 ———

6   5의 김치가 부드럽게 익으면 3에서 만든 콜리라이스를 넣어 함께 볶는다.

7   그릇의 가운데 6의 콜리라이스를 둥글게 모아서 담고, 주위에 달걀물을 붓는다. 달걀 위에 모차렐라 치즈를 뿌리고 그릇을 약한 불에 올려 달걀이 익고 치즈가 녹을 정도로 데워 완성한다.

치즈 듬뿍 넣은
맛좋은 닭갈비를
다이어트식으로 즐기기

치즈닭갈비

| 칼로리 | 562kcal | 지방 | 35.3g | 단백질 | 38.9g | 탄수화물 | 29.5g | 식이섬유 | 10.4g | | 1인분 기준 |

재료

닭정육(닭다리살) 3쪽, 양배추 50g,
양파 1/2개, 대파 1/2대, 깻잎 10장,
미니 단호박 1/2개, 올리브유 1큰술,
모차렐라 치즈 1/2컵,
참깨·참기름 약간씩

양념장

고춧가루 3큰술,
강황가루·다진 마늘 1작은술씩,
간장 1큰술+1작은술, 생강술·어간
장·에리스리톨·맛술 1큰술씩,
후춧가루 약간

〔tip〕

생강술:다진 생강 2큰술을 증류 소
주 1컵에 담아 반나절 정도 두었다
가 사용하면 됩니다. 생강술은 고
기의 잡내 제거에 좋아요. 냉장 보
관하세요.

1 ————

2 ————

1   분량의 양념장 재료는 모두 섞어서 양념장을 미리 만들어둔다.

2   닭정육은 깨끗이 씻어서 먹기 좋은 크기로 썬다.

wednesday

3 ——

4 ——

5 ——

3   양배추와 깻잎은 큼직하게 썰고 양파는 채를 썬다. 대파는 3㎝ 길이로 썬다.

4   단호박은 씻어서 씨를 빼고 도톰하게 썰어둔다.

5   달군 팬에 올리브유를 두르고 손질한 닭고기와 양배추 양파, 단호박을 올린 뒤 가볍게 볶는다.

6 ———

7 ———

8 ———

dinner

6   닭고기의 색이 변하고 양배추의 숨이 죽으면 1에서 만들어 놓은 양념장을 넣고 섞으면서 볶는다.

7   닭고기를 중불에서 저어가며 볶다가 고기가 다 익으면 대파와 깻잎, 참깨와 참기름을 넣고 가볍게 볶는다.

8   윗면에 모차렐라 치즈를 듬뿍 올리고 약한 불로 줄인 뒤 뚜껑을 덮고 치즈가 녹으면 완성.

구워서 더 쫄깃한
식감이 좋은 버섯과
루꼴라로
가볍게 먹는 샐러드

구운버섯샐러드

| 칼로리 | 346kcal | 지방 | 28.2g | 단백질 | 12.3g | 탄수화물 | 13.9g | 식이섬유 | 2.2g | 1인분 기준(드레싱 1회) |

재료

루콜라 25g , 래디쉬·표고버섯 2개씩, 미니 새송이버섯 5개, 백만 송이버섯 50g, 양파 1/4개,
슬라이스 햄 4~5쪽, 소금·후춧가루 약간씩, 올리브유 1큰술

발사믹 드레싱 | 4회 분량

발사믹 식초·엑스트라 버진올리브유 3큰술씩, 식초 1큰술, 레몬즙 1작은술, 다진 양파 20g , 씨겨자 2작은술, 파슬리 가루 약간

1 ——

1   루콜라는 씻어서 물기를 뺀 뒤 너무 긴 것은 먹기 좋게 자른다. 래디쉬는 동그란 모양을 살려 얇게 썬다.

thursday

2 ———

3 ———

2   미니 새송이버섯은 저며 썰고, 표고버섯은 밑동을 자르고 저며 썬다. 백만 송이버섯은 먹기 좋게 찢어둔다.
      양파는 얇게 채를 썬다.

3   분량의 드레싱 재료는 모두 섞어둔다.

4 ——

5 ——

4   달군 팬에 올리브유를 두르고 채 썬 양파를 넣어 볶는다. 양파가 투명해지면 손질한 버섯을 모두 넣고 볶는다.
     버섯이 부드럽게 볶아지면 소금, 후춧가루를 넣어 간한다.

5   접시에 씻어 놓은 루콜라와 4의 볶은 버섯, 슬라이스 햄, 래디쉬를 담고 만들어 둔 드레싱을 곁들여 낸다.

173

꼬들꼬들한 식감이
살아 있어서
더 맛있는 곤약 잡채

곤약면잡채

| 칼로리 | 842kcal | 지방 | 63.6g | 단백질 | 47.5g | 탄수화물 | 21.2g | 식이섬유 | 4.1g | | 2회 분량 기준 |

재료 |

소고기 150g, 적양파 1/4개, 표고버섯 3개, 당근 20g, 시금치 30g, 빨강·노랑 파프리카 1/4개씩, 곤약면 1봉,
올리브유 2큰술, 소금·후춧가루 약간씩, 참깨 1/2큰술, 참기름 1큰술

양념장 |

간장 3큰술, 다진 마늘 1작은술, 굴소스 1/2큰술, 에리스리톨 1큰술, 후춧가루 약간

1 ——

1   소고기는 도톰하게 채를 썬 뒤 분량의 재료를 섞어 만든 양념장의 1/3만 넣고 버무려 밑간한다.

thursday

2   적양파, 파프리카, 당근은 채 썰고 표고버섯은 모양을 살려 썬다. 시금치는 다듬어서 씻은 뒤 물기를 빼고, 먹기 좋게 잘라둔다.

3   곤약면은 씻어서 체에 밭쳐 물기를 뺀다.

4   달군 팬에 올리브유를 두르고 1의 양념한 소고기를 넣어 볶는다.

5   소고기가 반쯤 익으면 물기 뺀 3의 곤약면을 넣고 함께 볶는다.

6 ——

7 ——

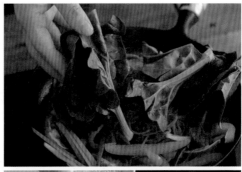

lunch

6   고기가 다 익었을 때쯤 시금치를 뺀 나머지 채소와 손질한 버섯을 넣어 센 불에서 볶다가 1에서 남긴 나
      머지 양념장을 넣고 가볍게 볶는다.

7   불을 끄고 시금치를 넣어 잔열로 익힌 뒤 참깨와 참기름을 넣어 완성한다.

      [tip] 곤약면 대신 천사채로 만들 수 있어요. 끓는 물 1L에 식소다를 1큰술 넣고 천사채를 넣어 삶아요. 7분 정도 지나 천
            사채를 꺼내 보아 부드럽게 풀어지면 찬물에 여러 번 헹궈 사용하세요.

담백하고 쫄깃한
특유의 맛이 좋은
문어와 낫또가
주는 자연의 맛

문어낫또 카르파쵸

| 칼로리 | 469kcal | 지방 | 63.6g | 단백질 | 30.7g | 탄수화물 | 23.3g | 식이섬유 | 6.5g | | 1인분 기준 |

재료 |

자숙문어 150g, 낫또 1팩, 오이 · 양파 1/4개씩, 방울토마토 3~4개, 어린잎 채소 약간

소스 |

간장 2작은술, 레몬즙 1큰술, 엑스트라버진 올리브유 2큰술, 발사믹 식초 1½ 큰술, 소금 · 후춧가루 약간씩

1 ——

1   자숙문어는 먹기 좋게 얇게 썰어둔다.

thursday

2 ——

2   양파, 오이, 토마토는 옥수수 알 크기로 잘게 썰어둔다. 어린잎 채소는 씻어서 물기를 뺀다.

3 ——

4 ——

5 ——

3 　　　낫또는 젓가락으로 잘 섞어둔다.

4 　　　분량의 소스 재료는 모두 섞어 만든다.

5 　　　접시에 얇게 썬 지숙문어를 깔고 그 위에 2의 썰어 놓은 채소를 올린다. 물기 뺀 어린잎 채소와
　　　　낫또를 곁들이고 만들어 둔 소스를 뿌려 완성한다.

토르티야 대신
달걀지단으로 돌돌 말아
먹는 랩으로 즐기는 식사

에그랩

| 칼로리 | 668kcal | 지방 | 50.2g | 단백질 | 47.5g | 탄수화물 | 8.2g | 식이섬유 | 1g | | 1인분 기준 |

재료 |

달걀 2개, 구운 닭가슴살·토마토 1쪽씩,
양상추 5~6장, 슬라이스 치즈 1장,
오이 1/4개, 마요네즈 2큰술,
씨겨자 1작은술, 소금·후춧가루 약간씩,
올리브유 적당량

1 ——

1   달걀을 풀고 소금, 후춧가루를 넣어 잘 섞는다. 체에 한번 걸러 알끈을 제거해준다.

friday

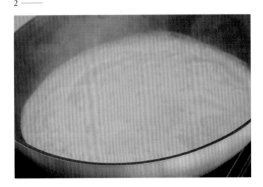

2   달군 팬에 올리브유를 두르고 키친타올로 닦아 낸 다음 약한 불에 1의 달걀물을 얇게 올려 지단을 부친다.

3   닭가슴살은 구워진 것으로 구입해 먹기 좋게 썬다.

4   양상추는 씻어서 물기를 빼고, 토마토는 동그란 모양을 살려 썬다. 오이도 먹기 좋게 썬다.

5 ——

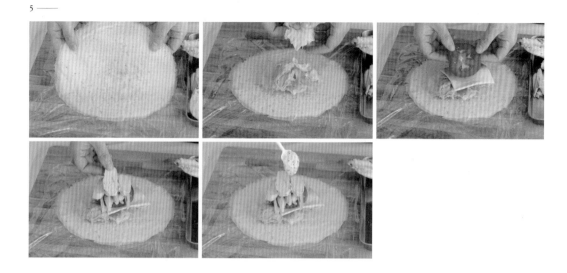

6 ——

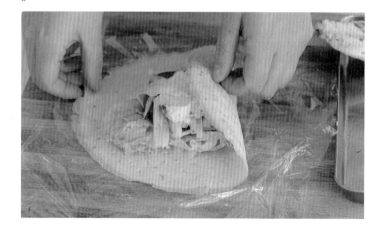

5   비닐 랩을 깔고 그 위에 2의 달걀지단을 펼친다. 그 위에 양상추, 슬라이스 치즈, 토마토, 오이, 닭가슴살
      순으로 올리고 마요네즈와 씨겨자 섞은 것을 바른다.

6   달걀지단을 김밥처럼 돌돌 말아서 비닐 랩으로 잘 감싸 에그랩을 완성한다.

friday

코코넛 밀크를 넣어
부드러움이 매력적인
인도식 커리

새우코코넛커리

칼로리	770kcal	지방	62.7g	단백질	26.1g	탄수화물	26.7g	식이섬유	10.2g	1인분 기준

재료 |

새우 5마리, 코코넛오일 1큰술,
코코넛밀크 1컵, 브로콜리 30g, 양파 1/3
개, 양송이버섯 3개, 파프리카 가루 1/2작
은술, 시판 커리페이스트 100g,
허브가루·소금·후춧가루 약간씩

{ tip }

가루나 고형으로 된 카레에는 밀가루나
전분이 포함되어 있어서 추천하지 않습
니다. 대신 탄수화물이 적게 들어 있는
커리페이스트를 사용하세요. 수입 식품
몰이나 직구 쇼핑몰 등에서 구입할 수
있어요.

1 ——

1   껍질을 벗긴 새우에 소금과 후춧가루, 파프리카 가루, 허브가루를 넣고 잘 버무려 잠시 재워둔다.

friday

2 ——

3 ——

2 ———— 양파는 채를 썰고 브로콜리는 한입 크기로 썬다. 양송이버섯은 4등분 한다.

3 ———— 달군 냄비에 코코넛오일을 두르고 손질한 양파와 버섯을 넣어 볶는다.

4 ———

5 ———

6 ———

lunch

4   약한 불에서 충분히 양파와 버섯을 볶은 뒤 커리페이스트를 넣어 가볍게 한번 볶는다.

{tip} 탄수화물 함량이 낮은 시판 커리소스 '키친오브인디아'는 수입 식품코너나 쇼핑몰 등에서 구입할 수 있어요.

5   4에 분량의 코코넛밀크를 넣고 뚜껑을 덮어 약한 불에서 15분 정도 충분히 끓인다.

6   충분히 끓여진 5에 새우와 브로콜리를 넣어 완전히 익도록 좀 더 끓인 뒤 그릇에 담아낸다.

밀가루 대신
아몬드 가루 옷을 입힌 육전은
고소한 맛이 더 좋아!

육전과 미나리무침

| 칼로리 | 1153kcal | 지방 | 100.8g | 단백질 | 51.9g | 탄수화물 | 14.4g | 식이섬유 | 7.1g | | 1인분 기준 |

재료 |

소고기(채끝 또는 홍두깨살) 150g,
아몬드가루 1/4컵, 달걀 2개,
참기름 2큰술, 소금·후춧가루 약간씩,
올리브유 적당량

미나리무침 |

미나리 100g, 양파 1/5개,
고춧가루·식초·참기름 1큰술씩,
액젓 2작은술,
간장·에리스리톨 1작은술씩,
참깨 약간

1 ———

2 ———

1   소고기는 육전용으로 얇게 썬 것을 구입해 키친타올로 핏물을 닦아낸 뒤 소금과 후춧가루로 밑간한다.

2   밑간한 소고기에 붓으로 참기름을 가볍게 바른다.

dinner

friday

3 ——

4 ——

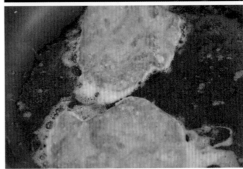

3   2의 소고기에 아몬드가루를 골고루 뿌려 옷을 입히고 꾹꾹 눌러 가루가 떨어지지 않도록 한다. 그다음 풀
     어놓은 달걀 물을 고기에 입힌다.

4   올리브유를 넉넉히 두른 팬에 고기를 올려 앞뒤로 노릇하게 구워낸다.

5 ——

6 ——

dinner

5   미나리는 잎 쪽은 떼어내고 다듬어서 줄기 쪽만 깨끗이 씻어 4cm 길이로 썬다. 양파는 얇게 채를 썬다.

6   볼에 미나리와 양파를 넣고 분량의 무침 소스 재료를 모두 넣어 잘 버무린 뒤 육전과 함께 곁들여낸다.

생햄과 치즈,
버섯을 곁들인
가벼운 한 접시의 여유

생햄과 버섯구이

| 칼로리 | 416kcal | 지방 | 35.7g | 단백질 | 17.1g | 탄수화물 | 7.9g | 식이섬유 | 1.8g | | 1인분 기준 |

재료 |

생햄(하몽) 4쪽, 양송이버섯 3개,
만가닥버섯 30g, 브리치즈 1/4개,
무염버터·발사믹 식초 1큰술씩,
다진 마늘 1작은술,
파슬리가루·소금·후춧가루 약간씩

1 ——

1 　　　 양송이버섯은 4등분하고, 만가닥버섯은 송이송이 떼어 놓는다.

saturday

2 ──—

3 ──—

4 ──—

2   달군 팬에 버터를 녹이고, 다진 마늘과 손질한 버섯을 넣어 볶는다.

3   버섯이 부드럽게 볶아지고 수분이 나오기 시작하면 발사믹 식초를 넣고 소금과 후춧가루
로 간한 뒤 파슬리 가루를 뿌려 접시에 담는다.

4   브리치즈는 먹기 좋은 크기로 자른다.

5 ——

breakfast

5   접시에 3의 볶은 버섯과 브리치즈, 생햄을 함께 담아낸다.

치킨이 먹고 싶은 날엔
바질페스토를 발라
바질향이 가득한 고급스러운
치=킨으로 즐기기

198

바질치킨윙과 코울슬로

칼로리	872kcal	지방	65.4g	단백질	62g	탄수화물	7.5g	식이섬유	2.4g	1인분 기준

(코울슬로 1회)

재료 |

닭 봉 8개, 바질페스토 2큰술,
엑스트라버진 올리브유 1큰술,
파마산 치즈가루 1큰술,
소금·후춧가루 약간씩

코울슬로 | 2~3회 분량

양배추 170g, 당근 30g,
마요네즈 3큰술, 식초 2작은술,
소금 1/2작은술, 에리스리톨 1/2큰술

1 ———

lunch

1   양배추와 당근은 곱게 채를 썰어 볼에 담는다.

saturday

2 채 썬 양배추와 당근에 분량의 마요네즈, 식초, 소금, 에리스리톨을 넣고 잘 버무린 다음 밀폐용기에 넣고
   냉장고에 반나절 정도 재워둔다.

3 닭 봉(혹은 윙)은 깨끗이 씻고 물기를 닦은 다음 볼에 담고 소금, 후춧가루, 로즈마리, 올리브유를 뿌려 잠
   시 재워둔다.

4 오븐 팬에 종이 포일을 깔고 3의 밑간한 닭 봉을 올린 뒤 200℃로 예열한 오븐이나 에어프라이어에 넣고
   15분 동안 굽는다.

lunch

5   다 구워진 닭봉에 바질페스토를 발라 잘 버무린 다음 파마산 치즈가루를 뿌리고 다시 180℃ 오븐에 넣어 15분 더 굽는다.

6   완성된 닭봉을 접시에 담고, 2에서 만들어 둔 코울슬로를 곁들여 낸다.

삼겹살 구워 먹기 질릴 때는
채소와 함께 꼬치로 만들어
색다르게 즐기기

채소삼겹살꼬치

칼로리	828kcal	지방	70.2g	단백질	36.6g	탄수화물	11.5g	식이섬유	2.5g	2~3회 분량 기준

재료 |

삼겹살 2줄(200g), 양파 1/4개, 주키니 호박 1/5개, 대파 흰 부분 2대, 미니 새송이버섯 5~6개, 빨강·노랑 파프리카 1/4개씩,
올리브유 1큰술, 무설탕 바비큐 소스 2큰술, 소금·후춧가루 약간씩

1 ——

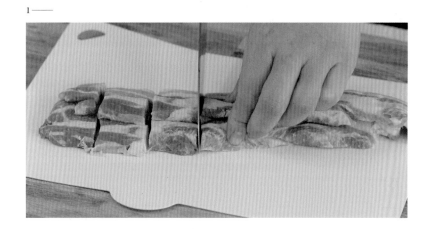

2 ——

1   삼겹살은 한입에 먹기 좋은 크기로 썬다.

2   대파는 4㎝ 정도의 길이로 썰고, 파프리카는 3×3㎝ 크기의 네모난 모양으로 썬다.

dinner

saturday

3   양파와 주키니 호박도 네모난 모양으로 썰고, 미니 새송이버섯은 너무 큰 것만 반으로 자른다.

4   꼬치에 삼겹살과 채소를 골고루 꽂는다.

dinner

5   꼬치에 소금과 후춧가루를 뿌려 밑간한다.

6   달군 팬에 올리브유를 두르고 꼬치를 올려 약한 불에서 타지 않도록 돌려가며 굽는다.

7   삼겹살이 다 익으면 바비큐 소스를 붓으로 발라가며 중불에서 앞뒤로 1~2분씩 구워 완성한다.

〔tip〕 팬에 굽는 것이 번거로울 땐 에어프라이어에 구워도 좋아요.

알싸한 와바시크림치즈와
훈제연어의 조화,
느끼함은 사라지고
부드러움이 한가득

크림치즈연어롤과 아보카도스무디

칼로리	683kcal	지방	54.6g	단백질	24g	탄수화물	31.8g	식이섬유	15g	1인분 기준

크림치즈연어롤 |

훈제 연어 50g, 오이 1/3개,
어린잎 채소 1줌, 케이퍼 약간

와사비크림치즈 |

크림치즈 3큰술, 생 와사비·에리스
리톨·씨겨자 1/2작은술씩,
레몬즙 1/2큰술, 소금 한꼬집

아보카도스무디 |

아보카도(소) 1개,
소화가 잘되는 우유 200㎖, 소금 약
간

{ tip }
'소화가 잘되는 우유'는 유당을 제
거해서 탄수화물 비율이 낮습니다.
소화가 잘되는 우유 대신 취향에 따
라 생크림이나 무설탕 두유, 아몬드
밀크 등으로 대체해도 좋습니다.

1

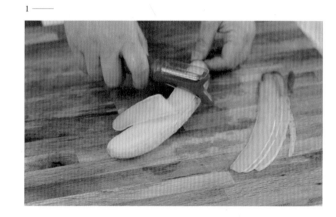

2

 에 대한 설명은 본문 참조

1   오이는 깨끗이 씻어서 필러로 길고 얇게 썬다.

2   실온에 잠시 두어 말랑해진 크림치즈와 분량의 생 와사비, 레몬즙, 씨겨자, 에리스리톨, 소금을
     볼에 모두 담고 골고루 잘 섞는다. 완성된 와사비 크림치즈는 다시 냉장고에 넣어 차갑게 만든다.

breakfast

sunday

3 —

4 —

5 —

3   얇게 저민 오이 위에 훈제연어를 올리고 그 위에 차가워진 와사비 크림치즈를 한 수저 떠 올린다.

4   연어와 오이를 돌돌 말아 접시에 담고 케이퍼를 올려 크림치즈연어롤을 완성한다.

5   완성된 연어롤 옆에 어린잎 채소를 곁들여 담는다.

6 ———

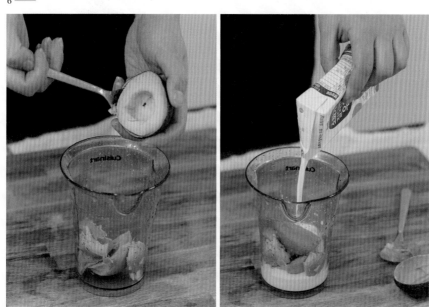

6   아보카도는 반으로 잘라 수저로 과육만 떠서 믹서에 담는다. 소화가 잘되는 우유와 소금
     을 넣고 곱게 갈아 스무디를 만들어 연어롤과 함께 담아낸다.

맛좋은 토마토소스가
입맛을 사로잡는
고급 해물요리 식사

토마토소스해물찜

칼로리	571kcal	지방	23.2g	단백질	52.4g	탄수화물	33.5g	식이섬유	5.5g	2~3회 분량 기준

재료

새우 3마리, 피홍합 1컵 분량, 갑오징어 1마리, 모시조개 5~6개, 양파 1/2개, 마늘 2쪽, 샐러리 1대, 무염버터 1½큰술, 화이트와인 1/4컵,
토마토 펄프 1½컵, 닭 육수 1컵, 월계수 잎 1장, 로즈마리 약간, 페페론치노 2~3개, 소금·후춧가루 적당량

1   피홍합과 모시조개는 껍질째 깨끗하게 씻은 뒤 체에 밭쳐 물기를 뺀다. 새우는 깨끗이 씻고 수염을 떼서 준비한다.

2   갑오징어는 뼈를 제거하고 껍질을 벗긴 뒤 먹기 좋게 한 입 크기로 썬다.

3   마늘은 편으로 썰고, 샐러리는 얇게 썰어둔다. 양파는 채를 썬다.

lunch

sunday

4 ———

5 ———

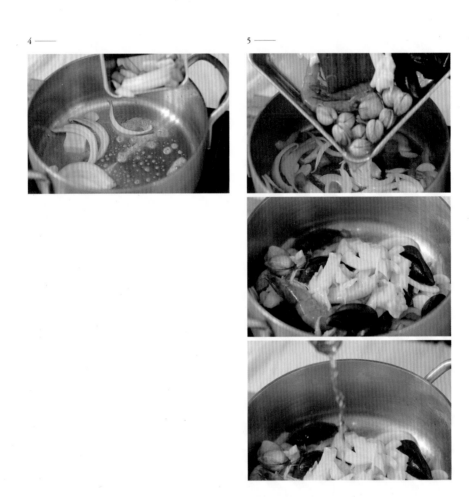

4 냄비에 버터를 녹이고 마늘과 양파, 샐러리를 넣어 볶는다.

5 양파가 투명하게 볶아지면 손질해둔 해산물을 넣고 센 불에서 볶는다. 이때 화이트와인을 넣어 잡내를 날린다.

6 ——

7 ——

6   해산물이 반쯤 익으면 토마토 펄프와 닭 육수, 월계수 잎, 페페론치노를 넣고 뚜껑을 덮어 해산물이 완전히 익을 때까지 끓인다.

        〔tip〕좀 더 매운 맛을 원한다면 케이엔페퍼를 넣어도 좋아요.

7   조개가 입을 완전히 벌리고 익으면 소금, 후춧가루로 간해서 완성한다.

채소를 듬뿍 넣고
고기와 즐기는
일본식 소고기 요리

스키야끼

| 칼로리 | 841kcal | 지방 | 48.9g | 단백질 | 74.3g | 탄수화물 | 26.8g | 식이섬유 | 4.9g | | 2인분 기준 |

재료 |

소고기(샤브샤브용) 200g,
표고버섯 4개, 팽이버섯 1봉, 두부 1/2
모, 알배춧잎 6장, 청경채 2개, 대파 3대,
양파 1/2개, 곤약면 1봉

소스 |

달걀노른자 2개, 쯔유 1/2컵, 물 1컵,
에리스리톨 1 ½ 큰술

1 ——

1   곤약면은 뜨거운 물에 가볍게 데쳐서 물기를 빼놓는다.

2 ——

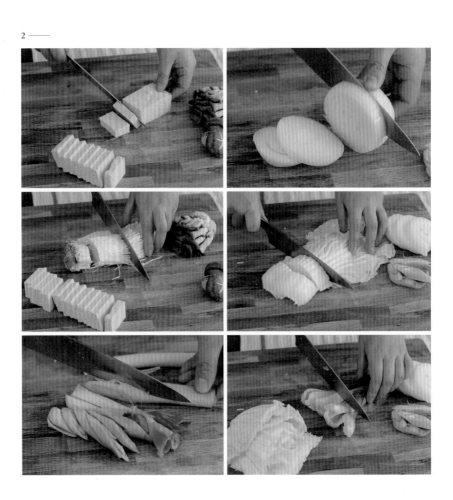

2   두부와 표고버섯, 팽이버섯은 먹기 좋게 썰고, 배추와 청경채는 4㎝ 정도의 길이로 썬다.
양파는 둥글게 썰고, 대파는 어슷 썰어둔다.

3 —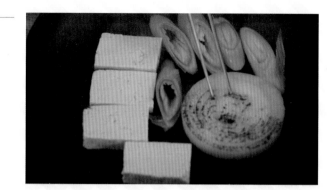

4 —

5 —

dinner

3 기름을 두르지 않고 달군 팬에 두부, 대파, 양파를 올려 앞뒤로 노릇하게 구워낸다.

4 냄비에 분량의 물, 쯔유, 에리스리톨을 넣고 가볍게 한번 끓여둔다.

5 육수가 담긴 4의 냄비에 준비한 모든 재료를 가지런히 돌려 담은 뒤 끓여가며 건져 먹는다. 준비해둔
소스용 달걀노른자를 풀어 찍어 먹으면 맛이 좋다.

Week3

MENU PLAN

저탄수화물 키토식

다이어트
3주식단

탄수화물이
너무 당기는 날엔,
간단하게 단호박 구이

견과류단호박구이

| 칼로리 | 387kcal | 지방 | 38.3g | 단백질 | 6.1g | 탄수화물 | 9.4g | 식이섬유 | 2.7g | | 1인분 기준 |

재료|

미니 단호박 1개,
아몬드·호두·호박씨 등의
견과류 약간씩, 무염버터 1 ½ 큰술,
사워크림 2큰술

1 ——

1   깨끗이 씻은 단호박은 전자레인지에 2분 정도 돌려 살짝 말랑해지면 꺼내서 8등분 한다.

monday

2 ———

3 ———

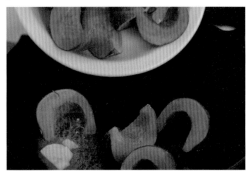

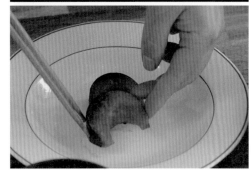

2   자른 단호박의 씨를 숟가락으로 긁어낸다.

3   달군 팬에 버터를 녹이고 손질한 단호박을 올려 약한 불에서 완전히 익도록 천천히 노릇하게 구운 뒤 접시에
      담는다.

4 ———

5 ———

4   마른 팬에 아몬드와 호두, 호박씨를 올려 노릇하게 굽는다.

5   3의 단호박에 구운 견과류를 뿌리고 사워크림을 곁들여낸다.

연어회를 넣어
하와이 스타일의 샐러드로
즐기는 키토식

현미곤약밥 연어포케

| 칼로리 | 490kcal | 지방 | 34.6g | 단백질 | 26.1g | 탄수화물 | 22.1g | 식이섬유 | 8.9g | 1인분 기준(소스 1회) |

재료 |

연어 100g, 시금치 10g, 아보카도 1/2개, 적양파·오이 1/4개씩, 당근 20g, 레몬 1쪽, 곤약현미밥 1/4컵

오리엔탈 소스 | 4회 분량

간장·엑스트라버진 올리브유 3큰술씩, 다진 양파 20g, 식초·에리스리톨 1큰술씩, 레몬즙 1작은술,
참기름 2작은술, 검은깨 1/2큰술

1 ———
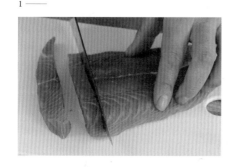

2 ———

3 ———

1 연어는 한 입 크기로 깍둑썰기 한다.

2 아보카도는 반으로 잘라 껍질을 벗기고 깍둑썰기 한 뒤 레몬즙을 뿌려둔다.

3 적양파는 동그란 모양을 살려 얇게 썬다. 오이는 필러로 얇게 저미고 당근은 채 썬다.

monday

4   시금치는 어린잎으로 골라 깨끗이 씻어 물기를 빼둔다.

5   현미는 씻어서 불린 뒤 현미 : 곤약쌀 : 물 = 1 : 1.2 : 1 비율로 밥을 짓는다.

  {tip} 미리 넉넉히 밥을 지어 소분해서 냉동해두고 사용하면 편해요.

      곤약은 건조된 것이 아닌 물과 함께 담긴 것을 구매하세요. 건조 곤약은 전분 함량이 높아요.

6 ——

7 ——

lunch

6   분량의 오리엔탈 소스 재료는 모두 섞어둔다.

7   그릇에 곤약현미밥과 손질해둔 모든 재료를 가지런히 담고, 오리엔탈 소스를 곁들여낸다.

생강향이 배어
깔끔한 맛이 좋은
일본식 돼지고기 요리

쇼가야끼

| 칼로리 | 559kcal | 지방 | 38.5g | 단백질 | 36.6g | 탄수화물 | 16.7g | 식이섬유 | 3.5g | 1인분 기준 |

재료 |

돼지고기(앞다리살 또는 뒷다리살) 200g, 양배추 100g, 꽈리고추 6~7개, 쪽파 2대, 올리브유·생강술 1큰술씩, 후춧가루 약간

소스 |

생강 3~4쪽, 생강즙 1작은술, 간장 2큰술, 증류 소주 1큰술, 에리스리톨 2작은술, 후춧가루 약간

1 ———

2 ———

1   돼지고기는 불고기 감으로 얇게 썰어놓은 것을 구입해 키친타월로 핏물을 닦아내고, 생강술과 후춧가루를 뿌려 재워둔다.

2   양배추는 곱게 채를 썰고, 꽈리고추는 꼭지를 따낸 뒤 너무 큰 것은 반으로 자른다. 쪽파는 송송 썬다.

dinner

monday

3 ———

4 ———

5 ———

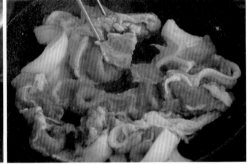

3   생강을 제외한 분량의 소스 재료는 모두 섞어둔다. 생강은 편으로 썬다.

4   달군 팬에 올리브유를 두르고 손질한 꽈리고추를 볶아 접시에 담아둔다.

5   고추를 볶은 4의 팬에 1의 재워둔 돼지고기를 올려 굽는다.

6 ——

7 ——

6   5의 고기가 반쯤 익으면 3에서 만들어둔 양념 소스와 편으로 썬 생강을 넣어 센 불에서 더 굽는다.

7   소스가 거의 졸아 없어지면 고기를 접시에 담고 채 썬 양배추와 볶은 꽈리고추를 곁들인다. 송송 썬 쪽파를 뿌려 장식한다.

양송이를 듬뿍 넣어
영양이 가득한
부드러운 수프 한 그릇

양송이수프

| 칼로리 | 896kcal | 지방 | 90.3g | 단백질 | 13.5g | 탄수화물 | 10.8g | 식이섬유 | 3g | | 1인분 기준 |

재료 |

양송이버섯 8개, 양파 1/2개, 생크림 1컵, 무염버터 · 파마산 치즈가루 1큰술씩, 베이컨 2줄, 소금 · 후춧가루 약간씩

1 ——

breakfast

1   양송이버섯은 4등분하고 양파는 채를 썬다. 베이컨도 1㎝ 정도의 길이로 썬다.

tuesday

2   냄비에 베이컨을 넣고 볶아 기름을 낸다. 베이컨이 바삭하게 구워지면 따로 담아둔다.

3   베이컨 볶은 냄비에 버터를 녹이고 양파를 넣어 볶는다. 양파가 타지 않게 충분히 볶다가 양송이버섯도 넣어
          함께 볶는다.

4   양송이버섯이 부드럽게 볶아지면 생크림을 넣고 함께 끓인다. 생크림이 한소끔 끓으면 불을 끄고 믹서기로 곱
     게 갈아준다.

5   냄비를 다시 불에 올리고 약한 불에서 뭉근하게 5~10분 정도 더 끓여 걸쭉해지면 볶아둔 베이컨을 넣는다.

6   5에 파마산 치즈가루를 넣고, 소금과 후춧가루로 간한 뒤 완성한다.

홈메이드 미트볼로
맛있게 즐기는
든든한 한 끼 식사

미트볼치즈구이

| 칼로리 | 1121kcal | 지방 | 81.2g | 단백질 | 73.8g | 탄수화물 | 19.7g | 식이섬유 | 7.8g | 1인분 기준 (미트볼 6개) |

미트볼 반죽 | 12개 분량

다진 소고기·다진 돼지고기 200g씩, 다진 마늘 2작은술, 다진 양파 1/2개 분량, 달걀 1개, 아몬드가루 4큰술,
넛맥가루·후춧가루 약간씩, 소금 1/2작은술, 올리브유 1큰술

재료 |

미트볼 6개, 가지 1/2개, 양송이버섯 2개, 라구 소스 1/2컵(p.268 라구소스핫도그 참조), 모차렐라 치즈 1/4컵,
올리브유 1큰술, 소금·후춧가루·파슬리 가루 약간씩

1 ——

2 ——

1   미트볼에 들어갈 양파는 잘게 다진 뒤 팬에 올
    리브유를 넣고 약한 불에서 충분히 볶고 접시
    에 담아 식힌다.

2   볼에 다진 돼지고기와 소고기를 넣고 1의 볶
    은 양파와 다진 마늘, 달걀, 아몬드가루, 넛맥
    가루, 소금, 후춧가루를 넣어 잘 치댄다.

tuesday

3 ——

5 ——

4 ——

6 ——

3   2의 고기에 끈기가 생기도록 반죽을 한 뒤 한입 크기의 작은 공 모양으로 빚는다.

4   가지는 동그란 모양을 살려 썰고, 양송이버섯은 4등분 한다.

5   달군 팬에 올리브유를 두르고 가지와 양송이버섯을 넣어 2~3분 정도 볶는다. 이때 소금과 후춧가루로 간을 한다.

6   공 모양으로 빚은 미트볼 반죽을 약한 불에서 타지 않게 천천히 익힌다.

       [tip] 뚜껑을 덮고 천천히 익히면 속까지 잘 익어요.

lunch

7   5에서 볶은 가지와 버섯을 오븐 용기에 담고 익힌 미트볼도 함께 담은 뒤 라구 소스를 붓는다.

8   라구 소스 위에 모차렐라 치즈를 올린 다음 200℃로 예열한 오븐에 넣고 10분 정도 구운 뒤 파슬리 가루를
솔솔 뿌려낸다.

밀가루 대신 담백한
면두부로 즐기는
맛있는 파스타

면두부 로제파스타

| 칼로리 | 1105kcal | 지방 | 93.9g | 단백질 | 45.2g | 탄수화물 | 20.2g | 식이섬유 | 2.6g | | 1인분 기준 |

재료 |

면두부 80g, 칵테일 새우 6~7마리, 양파 1/4개, 양송이버섯 3개, 마늘 2쪽, 생크림 1컵, 토마토소스 1/2컵,
파마산 치즈가루·화이트 와인 2큰술씩, 올리브유 1큰술, 소금·후춧가루 약간씩

토마토 소스 | 3회 분량

홀토마토 6개 분량(혹은 생 토마토 6개) , 마늘 3쪽, 양파 1/2개, 샐러리 1대, 당근 50g , 소금 1작은술,
올리브유 3큰술, 월계수잎 1장, 오레가노 약간

토마토 소스 만들기 ···

1   홀토마토는 통조림을 사용하거나 없을 경우 토마토의 윗면을 칼집을 십자 모양으로 낸 뒤 끓는 물에
    잠시 담가 껍질을 벗긴다. 껍질을 벗긴 토마토는 잘게 썰어둔다.

2   소스용 마늘, 양파, 당근, 샐러리는 곱게 다진다.

3   달군 팬에 올리브유를 두르고 2의 다진 채소를 넣어 볶는다.

4   양파가 투명하게 볶아지면 1의 홀토마토 혹은 껍질 벗긴 토마토를 넣어 약한 불에서 함께 끓인다.
    여기에 월계수잎과 오레가노를 넣어 약한 불에서 1시간 정도 충분히 끓인다.

5   4의 토마토를 으깨거나 믹서기로 곱게 갈고, 소금으로 간해 토마토 소스를 완성한다.

dinner

tuesday

6

7

8

9

6 면두부는 뜨거운 물에 살짝 데쳐 찬물에 헹군다.

　　(tip) 면두부는 인터넷으로 구입할 수 있어요. 두부를 압착해 수분을 뺀 뒤 면처럼 채를 썬 것으로 중국의 포두부를 면처
　　　　럼 만든 것이라고 보면 됩니다.

7 칵테일 새우는 씻어서 물기를 닦아내고 소금과 후춧가루를 뿌려 밑간한다. 양파는 채를 썰고 양송이버섯
　　은 4등분 한다. 마늘은 편으로 썬다.

8 달군 팬에 올리브유를 두르고 편 썬 마늘을 넣어 볶는다.

9 마늘이 반쯤 익으면 양파와 버섯을 넣고 중불에서 양파가 투명해지도록 볶는다.

10 ——

11 ——

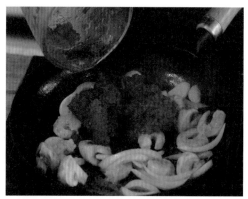

12 ——

13 ——

dinner

10   9의 버섯이 부드럽게 볶아지면 손질한 새우를 넣어 볶는다. 이때 화이트 와인을 조금 넣는다.

11   새우가 거의 익어갈 때쯤 만들어 둔 토마토 소스를 넣고 끓인다.

12   소스가 끓어오르면 미리 준비한 면두부를 넣고 가볍게 볶다가 생크림을 넣는다.

13   면과 소스가 골고루 섞이면 소금과 후춧가루, 파마산 치즈가루로 간을 한 뒤 접시에 담아낸다.

　　　 {tip} 잘게 썬 생 바질 잎을 얹어내면 보기 좋아요.

인기 메뉴!
단호박에 달걀을 넣어
부드럽게 즐기는
맛있는 식사

단호박에그슬럿

| 칼로리 | 263kcal | 지방 | 17.1g | 단백질 | 19.3g | 탄수화물 | 7.6g | 식이섬유 | 1.4g | | 1인분 기준 |

재료 |

미니 단호박·달걀 1개씩, 베이컨 2줄, 모차렐라 치즈 1/4컵, 소금·후춧가루 약간씩

breakfast

1 ——

2 ——

1   미니 단호박은 깨끗하게 씻어서 내열 용기에 넣고 비닐 랩을 씌워 전자레인지에 2분 정도 가볍게 익힌다.

2   단호박의 윗면을 칼로 잘라 숟가락으로 씨를 꺼낸다.

3 ———

4 ———

3   다시 단호박에 비닐 랩을 씌워 전자레인지에 넣고 5분 정도 돌려 익혀준다.

4   단호박 속에 작게 자른 베이컨과 모차렐라 치즈를 약간 넣고 달걀 하나를 깨 넣는다. 이때 달걀노른자를
     포크로 살짝 찔러 터뜨려준 뒤 소금, 후춧가루를 가볍게 뿌린다.

5 ——

5   달걀 위에 남은 모차렐라 치즈를 또 올린 뒤 전자레인지에 2분 동안 돌려 익힌다.

90초 뚝딱!
고소한 아몬드 빵으로 만드는
맛있는 샌드위치

아몬드빵샌드위치

| 칼로리 | 913kcal | 지방 | 75.7g | 단백질 | 42g | 탄수화물 | 17.2g | 식이섬유 | 10.5g | | 1인분 기준 |

아몬드빵 반죽 |

녹인 무염버터·아몬드가루 20g씩, 베이킹파우더 1/2작은술, 달걀 1개, 소금 한꼬집

재료 |

닭 가슴살·토마토 1쪽씩, 베이컨 1줄, 로메인 4장, 슬라이스 치즈 1장, 아보카도 1/2개, 마요네즈 2큰술,
씨겨자 1작은술, 소금·후춧가루 약간씩

1 ——

1   볼에 아몬드가루, 베이킹파우더, 소금을 체에 내려 넣고 녹인 버터와 달걀을 넣은 뒤 거품기로 젓는다.

wednesday

2 내열 용기에 1의 반죽을 붓고 비닐 랩을 씌운 뒤 30초씩 끊어서 총 3번 전자레인지에 90초 동안 돌린다. 빵이 완성되면 그릇에서 꺼내 완전히 식힌다.

3 로메인은 씻어서 물기를 빼고, 토마토는 동그란 모양을 살려 썬다.

4 달군 팬에 닭 가슴살을 올리고 소금, 후춧가루를 뿌려 약한 불에서 굽는다. 베이컨은 바삭하게 굽는다.

5 아보카도는 반을 잘라 씨를 빼고 껍질을 벗겨 도톰하게 썬다. 구운 닭 가슴살도 먹기 좋게 썬다.

6 —

7 —

6   2의 식힌 빵을 반으로 자르고 빵 한쪽 면에 마요네즈와 씨겨자 섞은 것을 바른다.

7   빵 위에 로메인, 치즈, 닭 가슴살, 베이컨, 토마토, 아보카도, 로메인 순으로 올린 뒤 나머지 빵을 덮고 비닐 랩으로
     감싸 잠시 고정시켰다가 썰어낸다.

채소와 고기를 넣은
춘장으로 만들어 짜장면보다
맛있는 덮밥 한 그릇

현미곤약 짜장덮밥

| 칼로리 | 951kcal | 지방 | 79g | 단백질 | 34.7g | 탄수화물 | 26.5g | 식이섬유 | 2g | | 1인분 기준 |

재료 |

현미곤약밥 1/2공기, 돼지고기(목살) 100g, 양파 1/2개, 애호박 1/4개, 대파 1대, 달걀 1개, 춘장 3큰술,
올리브유 4큰술(또는 라드유 4큰술), 굴소스 1/2큰술, 소금·후춧가루 약간씩

1 —

2 —

1   양파는 한 입 크기의 네모 모양으로 썬다. 돼지고기 목살도 한 입 크기로 썬다.

2   애호박도 한입에 먹기 좋게 깍둑썰기 하고, 대파는 송송 썬다.

dinner

wednesday

3   달군 팬에 올리브유 3큰술과 춘장을 넣고 볶는다. 약한 불에서 춘장이 타지 않도록 한 방향으로 저어가며 10분 정도 볶는다. 춘장이 몽글몽글하게 끓으면 기름은 팬에 남기고 춘장만 따로 모아서 접시에 담아둔다.

       [tip] 올리브유 대신 리드유를 이용하면 더 맛있어요. 춘장은 따로 기름에 볶아야 쓴맛이 사라져요.

4   춘장을 볶던 팬에 고기를 넣고 볶는다. 이때 소금과 후춧가루를 살짝 넣어 밑간한다.

5   고기가 반쯤 익으면 썰어 놓은 양파와 애호박을 넣어 함께 센 불에서 볶는다.

6 —

8 —

9 —

7 —

dinner

6   양파가 투명해지면 볶아놓은 춘장을 넣고 함께 볶은 뒤 고기가 다 익으면 굴소스를 넣어 간한다.

7   새로운 팬에 올리브유 1큰술을 두르고 대파를 넣어 볶는다.

8   대파의 향이 올라오면 현미곤약밥을 넣어 함께 볶는다.

9   밥을 한쪽으로 밀어두고 달걀 1개를 풀어 휘저어 스크램블을 만든 뒤 밥과 함께 섞는다. 소금과 후춧가루로 간
   한 뒤 그릇에 볶음밥을 담고 6에서 완성한 짜장 소스를 얹어 낸다.

소시지와 양배추를
크리미한 소스로
후다닥 맛있는 한 끼

소시지양배추조림

| 칼로리 | 727kcal | 지방 | 63.8g | 단백질 | 19.5g | 탄수화물 | 20.9g | 식이섬유 | 3.5g | | 1인분기준 |

재료 |

소시지 3개, 미니 양배추 4개, 양파 1/2개, 당근 1/4개, 생크림 1컵, 무염버터 1큰술, 소금·후춧가루 약간씩

1 ——

2 ——

1   소시지는 한쪽 면에 칼집을 낸다. 칼집 낸 소시지는 뜨거운 물에 데쳐낸다.

2   미니 양배추는 큰 것만 반으로 썬다. 양파와 당근은 깍둑썰기 한다.

thursday

3 —

4 —

3   달군 팬에 버터를 녹이고 손질한 양배추와 당근, 양파를 넣어 볶는다.

4   양파가 투명해지면 1의 데쳐낸 소시지도 넣어 가볍게 볶는다.

breakfast

5   4의 팬에 분량의 생크림을 붓고 끓인다.

      〔tip〕이때 국물이 너무 걸쭉할 경우 물을 1/4컵 정도 넣어도 좋아요.

6   생크림이 끓어오르면 불을 끄고, 소금과 후춧가루로 간해 완성한다.

닭가슴살과
상큼한 토마토가 잘 어우러진
고소한 냉채

닭가슴살 냉채

칼로리	274kcal	지방	10.8g	단백질	30.1g	탄수화물	15.4g	식이섬유	5.1g	1인분 기준

1인분 기준
(소스 1회)

재료

닭 가슴살 1쪽(생강 1쪽, 마늘 2쪽,
통후추 약간, 월계수 잎 1장, 물 3컵),
양배추 잎 2장, 오이 1/3개,
노랑·빨강 파프리카 1/4개씩,
적양파 1/4개, 토마토 1개

소스 | 3회 분량

무설탕 땅콩버터 3큰술,
간장·에리스리톨 2작은술씩,
식초·검은깨 1큰술씩,
연겨자 1/2큰술

1 ——

2 ——

3 ——

lunch

1   분량의 소스 재료는 모두 섞어둔다.

2   냄비에 닭 가슴살이 잠기도록 물을 붓고 월계수 잎
     과 통후추, 마늘, 생강을 넣어 20분 정도 삶는다.

     {tip} 닭가슴살은 수비드 된 것을 구입해 사용해도 좋아
          요. 마트에 가면 익혀서 조리 된 닭가슴살을 쉽게 구
          할 수 있어요. 먹기 좋게 찢어 사용하시면 됩니다.

3   다 삶아진 닭 가슴살은 한 김 식힌 뒤 먹기 좋은 크
     기로 찢어둔다.

thursday

4 ———

4   양배추는 채를 썰고, 오이는 곱게 썬다. 적양파와 파프리카도 채를 썬다. 토마토는 도톰하게 썰어둔다.

5 ——

5   볼에 닭 가슴살과 썰어놓은 모든 재료를 담고 1에서 만든 소스를 함께 버무려 먹는다.

깔끔하게
매운 맛을 느끼고
싶은 날의 식사

미나리오징어볶음

칼로리	536kcal	지방	24.8g	단백질	37.4g	탄수화물	48.1g	식이섬유	12.5g		1인분 기준

재료 |

오징어 1마리, 미나리 150g,
양파 1/4개, 당근 20g, 대파 1대,
청·홍고추 1개씩, 올리브유 1큰술,
참깨·참기름 약간씩

양념장 |

간장 2큰술, 어간장 1/2큰술,
고춧가루 3큰술, 에리스리톨 1큰술,
맛술 1 1/2 큰술, 다진 마늘 1작은술,
후춧가루 약간

1 ———

2 ———

dinner

1   오징어는 내장을 제거하고 껍질을 벗긴 다음 먹기 좋은 크기로 자른다.

2   미나리는 다듬어서 줄기 쪽만 준비 한 뒤 4㎝ 정도 길이로 썬다.

thursday

3   양파는 채를 썰고 당근은 네모난 모양으로 썬다. 고추와 대파는 송송 썰어둔다.

4   분량의 양념장 재료는 모두 섞어둔다.

5   달군 팬에 올리브유를 두르고 송송 썬 대파를 넣어 볶는다.

6   대파의 향이 나기 시작하면 양파와 당근을 넣어 함께 볶는다.

dinner

7   양파가 투명하게 볶아지면 오징어와 양념장을 넣어 타지 않게 중불에서 볶는다.

8   오징어가 거의 다 익어갈 때쯤 미나리와 고추를 넣어 가볍게 볶은 뒤 참깨와 참기름을 넣어 완성한다.

friday

빵 대신 로메인과
라구소스를 더해 핫도그처럼
즐기는 든든한 식사

라구소스 핫도그

| 칼로리 | 708kcal | 지방 | 55.3g | 단백질 | 35.9g | 탄수화물 | 14.3g | 식이섬유 | 3.7g | 1인분 기준 |

라구 소스

양파 1/2개, 샐러리 1/2대, 마늘 2쪽,
다진 소고기 150g, 토마토 페이스트 1큰술,
토마토 펄프 1½컵,
치킨스톡·레드 와인 1/2컵씩,
월계수 잎 1장, 올리브유 2큰술,
우스터 소스 1/2큰술, 오레가노·소금·
후춧가루 약간씩

재료

소시지 2개, 로메인 6장, 슬라이스 치즈 2장,
슈레드 치즈 약간

1 ——

2 ——

1   로메인은 깨끗이 씻어서 물기를 빼둔다.

2   소시지는 칼집을 촘촘히 내고 뜨거운 물에 데쳐둔다. 이때 월계수 잎 1장을 함께 넣어 데치면 잡
내 제거에 좋다.

3 ——

4 ——

5 ——

3   라구 소스에 들어가는 양파는 곱게 다지고, 샐러리는 작게 썬다. 마늘도 다진다.

4   냄비에 올리브유를 두르고, 3의 재료를 넣어 볶는다.

5   양파가 투명해지도록 약한 불에서 충분히 볶은 다음 다진 소고기를 넣어 볶는다.
        소고기의 수분이 거의 없어지도록 볶다가 토마토 페이스트를 넣어 1~2분 정도 저어가며 볶는다.

6   5에 레드 와인, 치킨스톡, 토마토 펄프를 넣고 월계수잎과 오레가노도 함께 넣어 1시간 정도 약한 불에서
뚜껑을 덮고 충분히 끓여준다.

7   충분히 끓은 라구 소스에 우스터 소스를 넣고 섞어준 뒤 소금 후춧가루를 뿌려 간을 한다.
    {tip} 라구 소스는 미리 넉넉히 만들어 150~200g 정도의 양으로 소분해 냉동시켜두고 사용하면 편해요.

8   접시에 로메인을 3~4장 겹쳐 놓고, 그 위에 슬라이스 치즈와 소시지를 올린다.

9   소시지 위에 따뜻하게 데워 놓은 라구 소스를 듬뿍 올리고 슈레드 치즈를 뿌려 완성한다.

김밥이 먹고 싶은 날엔
귀리와 곤약으로 밥을 지어
꼬마 김밥으로 즐기기

귀리곤약김밥

| 칼로리 | 1462kcal | 지방 | 107.3g | 단백질 | 70.4g | 탄수화물 | 59.5g | 식이섬유 | 6.7g | | 2인분 기준 |

재료 |

귀리곤약밥 1공기, 구운 김 4장, 슬라이스 치즈 8장, 스팸 1/2캔, 오이 1/2개, 당근 1/3개, 표고버섯 4개, 간장·참기름 1큰술씩,
달걀 3개, 참깨·소금·후춧가루 약간씩, 올리브유 적당량

1 ——

1   곤약 : 귀리 : 찹쌀 = 2 : 1 : 0.5 비율로 씻어서 밥솥에 담고 물은 찰랑거릴 정도로만 담아 밥을 짓는다.
밥이 따뜻할 때 소금, 후춧가루, 참기름을 넣어 밑간해둔다.

[tip] 찹쌀을 약간 넣어 김밥이 잘 말아지도록 했어요. 탄수화물양을 줄이고 싶을 때에는 찹쌀을 생략하세요.

273

2 ——— 3 ———

friday

2   오이와 당근은 채를 썬 뒤 올리브유 두른 팬에 살짝 볶는다.

3   표고버섯도 썰어서 올리브유를 두른 팬에 볶는다. 이때 간장, 소금, 후춧가루를 넣어 간한다. 스팸은 길쭉하게
    썰어 볶는다.

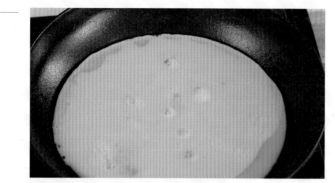

4   달걀은 풀어서 소금, 후춧가루를 넣어 간한 뒤 도톰하게 지단을 부쳐서 길쭉하게 썬다.

5   구운 김을 4등분 한 뒤 밥을 1큰술만 떠서 김 한쪽 끝에 얇게 펴 올린다.

6   5의 밥 위에 슬라이스 치즈를 올리고, 그 위에 준비한 재료들을 올린 뒤 한쪽 끝에서부터 말아 올려 김밥을
     완성한다.

friday

요즘 인기 많은 꼬막 무침!
단백질이 풍부하고
감칠맛이 으뜸!

꼬막무침

칼로리	380kcal	지방	4.9g	단백질	47.7g	탄수화물	28g	식이섬유	7.3g		1인분 기준

재료 |

꼬막 1kg, 생강술 2큰술, 쪽파 3대, 오이고추 3개, 깻잎·참깨·참기름 약간씩

소스 |

간장 2½큰술, 고춧가루·생강술 1큰술씩, 다진 마늘 1작은술, 에리스리톨 2작은술

1 ——

2 ——

1   꼬막은 여러 번 문질러 씻은 다음 꼬막이 푹 잠길 정도로 물을 붓고, 소금 2큰술을 물에 녹인 뒤 쿠킹 포일을
     덮어 2~3시간 정도 해감한다.

2   쪽파와 오이고추는 송송 썬다. 깻잎도 씻어서 물기를 털어둔다.

     {tip} 매운 맛을 좋아한다면 청양고추를 넣어도 맛있어요.

friday

3   분량의 양념장 재료는 모두 섞어둔다.

4   냄비에 꼬막이 충분히 잠길 정도의 물을 부어 물만 먼저 끓이다가 끓기 시작하면 해감한 꼬막과 생강술
     을 넣어 삶는다. 이때 한 방향으로 저어주면서 삶고, 꼬막이 한 두개 정도 입을 벌리기 시작하면 불을 끄고
     1~2분 정도 두어 꼬막을 익힌다.

5   다 익은 꼬막을 건져서 껍질을 벗긴다. 꼬막 뒤쪽의 홈에 숟가락을 넣고 비틀면 쉽게 껍질이 까진다.

6 ——

7 ——

6   볼에 껍질 벗긴 꼬막과 송송 썬 쪽파, 오이고추를 넣고 미리 섞어 둔 양념장도 넣어 가볍게 버무린다.

7   참깨와 참기름을 넣고 한 번 더 버무려 완성한다.

버터향 가득한 새우와
진한 아보카도의
환상 궁합 요리

90초 키토빵 에그쉬림프 오픈토스트

| 칼로리 | 1132kcal | 지방 | 104.1g | 단백질 | 35.9g | 탄수화물 | 18.2g | 식이섬유 | 9.8g | 1인분 기준 |

아몬드빵 반죽 |

녹인 무염버터·아몬드가루 20g씩, 베이킹파우더 1/2작은술, 달걀 1개, 소금 한꼬집

재료 |

달걀 2개, 생크림 3큰술, 무염버터 1큰술, 새우 4~5마리, 방울토마토 4개, 아보카도 1/2개,
마요네즈 2큰술, 씨겨자 1작은술, 파슬리 가루 ·소금·후춧가루 약간씩

1 ——

1   볼에 분량의 아몬드가루, 베이킹파우더, 소금을 체에 내려 넣고, 녹인 버터와 달걀을 넣어 거품기로 젓는다.

saturday

2 ——

3 ——

4 ——

2   내열 용기에 1의 반죽을 붓고 비닐 랩을 씌운 뒤 30초씩 끊어서 총 3번 전자레인지에 90초 동안 돌린다.
아몬드 빵이 완성되면 그릇에서 꺼내 완전히 식힌다.

3   달걀과 생크림을 볼에 담고 소금, 후춧가루를 넣어 잘 섞은 뒤 달군 팬에 버터를 녹이고 달걀 푼 것을 붓는
다. 달걀이 익기 시작할 때쯤 젓가락으로 휘저어 스크램블을 만든다.

4   새우는 씻어서 소금, 후춧가루를 뿌려 잠시 두었다가 버터를 녹인 팬에 올려 굽는다.

5 ——

6 ——

7 ——

breakfast

5   방울토마토는 4등분 하고, 아보카도는 반으로 잘라 씨를 빼고 껍질을 벗겨 얇게 썬다.

6   빵의 한쪽 면에 마요네즈와 씨겨자 섞은 것을 바른 뒤 3에서 만든 에그 스크램블을 올린다.

         {tip} 칠리마요 소스나 와사비마요 소스와도 잘 어울려요.

7   에그 스크램블 위에 아보카도와 구운 새우, 방울토마토를 올리고 파슬리 가루를 뿌려 완성한다.

일본식 해물 부침기
밀가루 없이 푸짐한
해물로 즐기기

아몬드가루 해물오코노미야끼

| 칼로리 | 892kcal | 지방 | 68.8g | 단백질 | 56.8g | 탄수화물 | 15.5g | 식이섬유 | 5.6g | | 1인분 기준 |

재료|

칵테일새우 6마리, 갑오징어 1마리,
베이컨 2줄, 양배추 1/6통, 대파 1대,
아몬드가루 4큰술, 달걀 2개,
가쓰오부시 한줌, 파래가루(또는 파슬리
가루) 약간, 올리브유 2큰술,
마요네즈·무설탕 바비큐 소스 1큰술씩,
소금·후춧가루 약간씩

lunch

1 ────

1   오징어는 내장을 빼고 씻은 뒤 한 입 크기로 썬다. 새우도 씻어서 반으로 썬다.

saturday

2 —— 3 ——

2 베이컨은 1㎝ 길이로 썰고, 양배추도 잘게 썬다. 대파는 송송 썬다.

3 볼에 양배추와 베이컨, 해물, 대파를 넣고, 분량의 아몬드가루와 달걀, 소금, 후춧가루를 함께 넣고 섞어 반죽을
만든다.

4   달군 팬에 올리브유를 두르고 3의 반죽을 도톰하게 떠 올린다.

5   반죽이 타지 않게 약한 불에서 앞뒤로 노릇하게 구워 접시에 담는다.

6   따뜻할 때 마요네즈와 무설탕 바비큐 소스를 골고루 뿌리고, 그 위에 가쓰오부시를 듬뿍 올린 뒤 파슬리 가루를 뿌려 완성한다.

텁텁함은 사라지고
매콤함이 가득한
쫄깃한 맛

제육볶음

칼로리	1040kcal	지방	71.8g	단백질	71.6g	탄수화물	25.4g	식이섬유	10.1g		2회 분량 기준

재료 |

돼지고기(앞다리살) 400g,
양파 1/4개, 대파 1대,
생강술·올리브유 1큰술씩,
참깨·참기름 약간씩, 쌈 채소 적당량

양념장 |

고춧가루 $3\frac{1}{2}$ 큰술, 간장 2큰술,
어간장·증류 소주 1큰술씩,
다진 마늘 1/2큰술,
에리스리톨 $1\frac{1}{2}$ 큰술, 후춧가루 약간

1 ——

dinner

1   돼지고기는 불고기 감(앞다리살)으로 준비해서 생강술을 뿌리고 잠시 재워둔다.

2 ———

2   생강술을 뿌린 돼지고기에 분량의 양념장 재료를 모두 넣고 잘 버무려둔다.

3   양파는 채를 썰고, 대파는 송송 썰어둔다.

4   달군 팬에 올리브유를 두르고 대파를 넣어 볶다가 대파 향이 올라오면 2의 양념한 돼지고기를 넣고 볶는다.
　　　　고기가 타지 않도록 중불에서 잘 저어가며 볶는다.

5   고기가 반쯤 익으면 채 썬 양파를 넣고 완전히 익도록 5분 정도 더 볶는다.

6   고기가 다 익으면 참깨와 참기름을 넣어 완성하고, 쌈 채소를 곁들여낸다.

쫀득한 식감의
크림치즈 팬케이크와
상큼한 라즈베리 잼으로
빵먹는 기쁨 누리기

아몬드가루 팬케이크와 베리샐러드

| 칼로리 | 1256kcal | 지방 | 115.5g | 단백질 | 38g | 탄수화물 | 28.1g | 식이섬유 | 10.9g | 1인분 기준(잼 1회) |

재료 |

아몬드 가루 90g, 베이킹 파우더 3g, 크림치즈 100g, 달걀 2개, 에리스리톨 30g, 아몬드밀크 40g, 무염버터 20g,
올리브유·딸기 적당량, 샐러드용 채소·엑스트라버진 올리브유·발사믹 식초 약간씩

라즈베리 잼 | 5회 분량

라즈베리 200g, 에리스리톨 50g, 레몬즙 1큰술

1 ——

1   분량의 아몬드 가루와 베이킹 파우더를 체에 내려 볼에 담고, 여기에 실온에 두어 말랑말랑해진 크림치즈
와 에리스리톨을 넣어 가볍게 섞는다. 달걀과 아몬드밀크도 넣어 거품기로 골고루 잘 섞는다.

2 ———

3 ———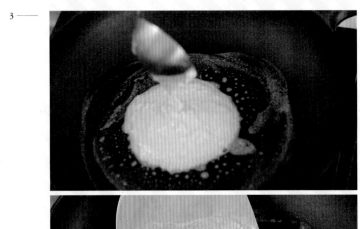

2　　미리 실온에서 녹인 버터를 1의 볼에 넣은 뒤 다시 한번 함께 섞는다.

3　　약한 불에 팬을 달구어 올리브유를 두른 뒤 키친타월로 한번 닦아낸다. 여기에 2의 반죽을 한 국자 떠 올려
　　　굽는다. 반죽에 기포가 골고루 올라오면 뒤집어서 다시 굽는다.

4   냄비에 라즈베리와 레몬즙을 넣고 약한 불에서 저어가며 끓인다. 5분 정도 끓인 뒤 에리스리톨을 넣고 눌어붙지 않
     도록 저어가며 끓인다. 5분 정도 더 끓여 수분이 날아가고 걸쭉한 상태가 되면 잼을 완성한다.

5   샐러드용 채소는 씻어서 물기를 빼고, 딸기도 씻어서 먹기 좋은 크기로 썰어 준비한다.

6   접시에 완성된 팬케이크를 담고, 버터와 라즈베리 잼을 곁들인다. 샐러드 채소와 과일에는 엑스트라버진 올리브유
     와 발사믹 식초를 가볍게 뿌린다.

매콤짭짤한 맛의 인기 치킨!
상큼한 토마토 샐러드와
찰떡궁합!

고추치킨과 토마토샐러드

| 칼로리 | 1495kcal | 지방 | 99.6g | 단백질 | 96.8g | 탄수화물 | 44.8g | 식이섬유 | 18.5g | | 1인분 기준 |

재료 |

닭봉 8개, 코코넛 가루 3큰술, 소금·후춧가루 약간씩, 코코넛 오일 1컵(또는 라드유 1컵)

소스 |

간장·물 2큰술씩, 에리스리톨 1½큰술, 증류 소주 1큰술, 식초 1작은술, 청양고추·마늘 2개씩, 생강 1쪽

토마토샐러드 |

방울토마토 10개, 오이 1/4개, 레몬 2쪽, 발사믹 식초·엑스트라버진 올리브유 2큰술씩, 씨겨자 1작은술, 소금·후춧가루 약간씩

1 ——

2 ——

1   닭봉은 깨끗이 씻어서 물기를 닦아내고 소금, 후춧가루를 뿌려 밑간한 뒤 코코넛 가루를 묻힌다.

2   냄비에 닭봉이 잠길 정도로 코코넛 오일을 부어 불에 올린다. 180℃ 정도로 오일을 가열한 뒤 닭봉을 넣어 바삭하게 두 번 튀겨낸다.

sunday

3   마늘과 생강은 편으로 썰고, 청양고추는 송송 썬다.

4   팬에 분량의 간장과 증류 소주, 편 썬 마늘과 생강을 넣고 끓인다. 3분 정도 끓인 뒤 생강은 건져내고 미리 튀겨놓은
        2의 닭봉과 에리스리톨을 넣어 조린다.

5   4의 국물이 자작하게 남았을 때 청양고추를 넣고 국물이 거의 남지 않을 정도로 더 조려내면 고추치킨이 완성된다.

6   샐러드용 방울토마토는 반으로 자르고, 오이와 레몬은 반달 모양으로 썬다.

7   볼에 모든 샐러드용 재료와 분량의 발사믹 식초, 올리브유, 씨겨자, 소금, 후춧가루를 넣고 잘 섞어 샐러드
       를 완성한다. 냉장고에 넣어 두었다 차갑게 먹으면 더 맛이 좋다.

빵 대신
현미곤약밥으로
반미의 맛을 즐기는
베트남식 샐러드

현미곤약밥 반미샐러드

| 칼로리 | 381kcal | 지방 | 22.7g | 단백질 | 21.9g | 탄수화물 | 24g | 식이섬유 | 3.6g | 1인분 기준(드레싱 1회) |

재료 |

닭다리 살(닭정육) 2쪽,
현미곤약밥 1/4공기, 무 70g,
당근 40g, 오이 1/4개,
청·홍 청양고추 1/2개씩, 고수 약간,
양상추 50g, 올리브유 1큰술

피클물 |

물·식초 2큰술씩, 에리스리톨 1작은술,
소금 1/2작은술

고기양념 |

간장·증류 소주 1큰술씩,
피쉬소스·에리스리톨 2작은술씩,
굴소스 1/2큰술, 후춧가루 약간

드레싱 | 3회 분량

마요네즈 3큰술, 스리라차 소스 1큰술,
레몬즙 2작은술, 에리스리톨 1/2큰술,
할라피뇨 5쪽

1 ——

2 ——

dinner

1   분량의 드레싱 재료는 모두 섞은 뒤 할라피뇨를 다져서 넣는다.

2   닭다리 살은 깨끗이 씻어서 물기를 닦은 뒤 분량의 고기양념 재료에 넣고 버무려 잠시 재워둔다.

sunday

3 ——   4 ——

3   무와 당근은 필러로 얇게 썰어서 그릇에 담고 피클물 재료를 모두 넣은 뒤 30분 정도 절인다.

4   오이는 어슷 썰고 청양고추는 송송 썬다. 양상추도 씻어서 먹기 좋게 뜯어 놓고, 고수는 취향껏 준비한다.

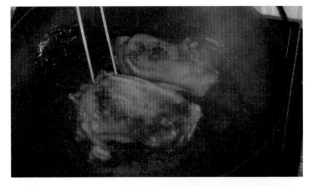

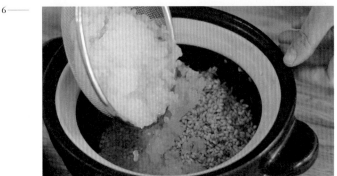

dinner

5   양념에 재워둔 2의 고기는 달군 팬에 올리브유를 두르고 바삭하게 구워낸다.

6   현미곤약밥은 현미 : 곤약쌀 = 0.4 : 1 비율로 씻어서 밥솥에 담고 물은 찰랑거릴 정도로만 담아 밥을 짓는다.

     { tip } 현미를 이용해서 직접 밥을 지어 소분한 뒤 냉동했다가 필요할 때 꺼내 사용하면 편리해요. 요즘에는 즉석밥으로
     나온 제품도 있어요.

7   그릇에 양상추를 깔고, 준비한 재료를 모두 올린 뒤 1에서 만들어 놓은 드레싱을 곁들여낸다.

Week4

MENU PLAN

저탄수화물 키토식

다이어트
4주식단

monday

쫄깃한 키토빵으로
토스트를 만들어
맛있게 한 끼 식사

키토빵 길거리 토스트

| 칼로리 | 694kcal | 지방 | 49.1g | 단백질 | 38.2g | 탄수화물 | 30.3g | 식이섬유 | 15.4g | | 1인분 기준 |

breakfast

차전자피빵

아몬드 가루 80g, 차전자피 가루 30g, 아마씨 가루 20g, 베이킹파우더 8g, 달걀흰자 2개 분량,
뜨거운 물 1컵, 소금 1작은술, 애플사이다 비니거 2작은술, 참깨 2큰술

재료

양배추 4~5장, 당근·피망 1/4개씩, 달걀 2개, 슬라이스 햄 4장, 슬라이스 치즈·양상추 잎 2장씩, 무염버터 1큰술,
무설탕 케첩·소금·후춧가루 약간씩

1 ——

2 ——

1   볼에 분량의 아몬드 가루, 차전자피 가루, 아마씨 가루, 베이킹파우더, 소금을 넣고 가볍게 섞는다. 여기에
     달걀흰자를 넣고 가볍게 섞는다.

2   뜨겁게 데운 물과 식초를 1의 볼에 넣고, 거품기로 잘 섞어 반죽을 만든다.

monday

3 ——

5 ——

3   2의 반죽을 6개로 나누어 동그란 모양으로 만든 다음 윗면에 깨를 뿌린다.

4   180℃로 예열한 오븐에 반죽을 넣고 40~50분 동안 구운 뒤 완전히 식힌다.

5   당근, 피망, 양배추는 곱게 채를 썬다. 양상추 잎은 깨끗이 씻어 물기를 빼둔다.

6   채를 썬 채소를 볼에 담고 달걀과 소금, 후춧가루를 넣고 잘 섞는다.

7   달군 팬에 버터를 녹이고 6의 반죽을 빵 크기로 떠 올려 앞뒤로 노릇하게 굽는다.

8   4의 식힌 빵 윗면에 칼집을 내고 미리 준비한 양상추와 슬라이스 햄, 치즈를 올린 뒤 7에서 구운 부침도 넣는다. 윗면에 무설탕 케첩을 뿌려 먹는다.

새콤달콤
골뱅이 소면 대신
면두부로 색다르게
즐기는 식사

면두부골뱅이무침

| 칼로리 | 359kcal | 지방 | 14.8g | 단백질 | 31.9g | 탄수화물 | 30.4g | 식이섬유 | 6.3g | | 1인분 기준 |

재료|

골뱅이 1캔, 면두부 80g, 대파 3대,
오이 · 양파 1/4개씩,
참깨 · 참기름 약간씩

양념장|

고춧가루 2큰술, 간장 · 어간장 1큰술씩,
식초 3큰술, 에리스리톨 1½ 큰술,
다진 마늘 1작은술

lunch

1   면두부는 뜨거운 물에 가볍게 데친 뒤 찬물에 헹구고 체에 밭쳐 물기를 뺀다.

2   골뱅이는 체에 밭쳐 물기를 뺀다.

3   대파는 길이의 반을 잘라 속의 심지를 빼내고 2~3번 접어 곱게 채를 썬다. 채 썬 대파는 찬물에 담갔다가
    건져 체에 밭쳐둔다.

4 ———

5 ———

4   오이는 어슷 썰어 반으로 자르고, 양파는 채를 썬다.

5   분량의 양념장 재료는 모두 섞어둔다.

6 ——

7 ——

lunch

6   볼에 채 썬 대파와 양파, 오이, 골뱅이를 넣고, 5의 양념장을 넣어 함께 버무린다.

7   6에 참깨와 참기름을 넣어 한 번 더 버무린 다음 접시에 담고 물기 뺀 면두부를 곁들여 낸다.

소시지와
각종 채소를 넣어 볶은후
아보카도 소스에
콕 찍어 먹으면
더 맛있어요!

소시지채소볶음&아보카도 소스

| 칼로리 | 760kcal | 지방 | 65.3g | 단백질 | 21g | 탄수화물 | 30g | 식이섬유 | 10.9g | | 1인분 기준 |

재료 |

비엔나소시지 6개, 브로콜리 1/6송이,
주키니 호박 1/5개, 당근 1/6개,
양파 1/2개, 방울토마토 5~6개,
샐러리 1/2대, 올리브유 1 ½ 큰술,
소금·후춧가루 약간씩

아보카도 소스 |

아보카도 1/2개, 생크림 3큰술,
레몬즙 1/2작은술, 소금 한꼬집

1 ——

dinner

1 주키니 호박과 당근은 도톰하게 반달 모양으로 썬다.

monday

2 양파는 한 입 크기로 썬다. 브로콜리는 먹기 좋게 한 입 크기로 떼어 놓고, 샐러리는 줄기 부분만 작게 썬다.
   방울토마토는 반으로 썬다.

3 아보카도는 껍질과 씨를 제거하고 볼에 넣어 포크로 으깬 뒤 여기에 분량의 생크림과 소금, 레몬즙을 넣어
   잘 섞는다.

4 비엔나소시지는 칼집을 내고 먹기 좋은 크기로 썰어 뜨거운 물에 살짝 데친다.

5 ——

6 ——

7 ——

dinner

5   달군 팬에 올리브유를 두르고 손질한 호박, 당근, 양파를 넣어 볶는다.

6   양파가 투명하게 볶아지면 비엔나소시지, 브로콜리, 샐러리, 방울토마토를 넣고 더 볶는다.

7   채소가 부드럽게 익으면 소금과 후춧가루로 간해 완성하고 3에서 만들어 놓은 아보카도 소스를 곁들
     여낸다.

밀가루 대신
아몬드가루로 만들어
크림치즈의 리치하고
진한 맛과 잘 어울리는 머핀

시금치베이컨머핀

| 칼로리 | 639kcal | 지방 | 57.1g | 단백질 | 25.7g | 탄수화물 | 15g | 식이섬유 | 5g | | 1인분 기준 |

재료 |

아몬드 가루 40g, 달걀 1개, 크림치즈 100g, 베이킹파우더 2g, 에리스리톨 8g, 소금 1g, 시금치 30g, 베이컨 2줄기

1 ———

2 ———

1   시금치는 다듬고 깨끗하게 씻어 물기를 뺀 뒤 2㎝ 길이로 썬다. 베이컨도 잘게 썬다.

2   볼에 실온에서 부드러워진 크림치즈와 달걀, 에리스리톨을 넣고 거품기로 젓는다.

tuesday

3 ——

4 ——

3   2에 분량의 아몬드 가루, 베이킹파우더, 소금을 넣고 덩어리지지 않도록 다시 거품기로 섞는다.

4   3에 썰어 둔 시금치와 베이컨을 넣고 가볍게 섞는다.

5 ——

5   머핀 컵에 4의 반죽을 80% 정도 붓고 180℃로 예열한 오븐 또는 에어프라이어에서 20분 동안 굽는다.

〔tip〕 무설탕 케첩을 곁들여 먹어도 맛이 좋아요.

할라피뇨를 넣어
느끼함을 잡은 참치 패티와
샐러드의 한 끼 식사

할라피뇨참치패티&샐러드

| 칼로리 | 629kcal | 지방 | 49.5g | 단백질 | 40.4g | 탄수화물 | 8.8g | 식이섬유 | 3.7g | 1인분 기준(드레싱 1회) |

재료 |

참치 통조림 1캔, 할라피뇨 20g,
빨강·노랑 파프리카 1/5개씩,
아몬드 가루 3큰술, 달걀 1개,
샐러드용 채소 1컵 정도,
올리브유 2큰술,
소금·후춧가루 약간씩

오리엔탈 드레싱 | 4회 분량

간장·엑스트라버진 올리브유 3큰술씩,
다진 양파 20g,
식초·에리스리톨 1큰술,
레몬즙 1작은술, 참기름 2작은술,
검은깨 1/2큰술

1

2 ———

1   샐러드 채소는 깨끗하게 씻어서 체에 밭쳐 물기를 빼둔다.

2   참치 통조림은 체에 밭쳐 기름기를 빼둔다.

tuesday

3 ——

4 ——

3 　　　파프리카는 옥수수알 크기로 잘게 썰고, 할라피뇨도 물기를 제거하고 작게 다지듯 썬다.

4 　　　볼에 기름 뺀 참치와 채소 다진 것을 넣고 아몬드 가루와 달걀을 넣어 섞은 뒤 소금과 후춧가루로 간한다.

6 ——

7 ——

lunch

5   드레싱용 양파는 작게 다져서 나머지 재료와 함께 잘 섞어 드레싱을 완성한다.

6   달군 팬에 올리브유를 두르고 4의 반죽을 먹기 좋은 크기로 떠 올려 노릇하게 굽는다.

7   구운 참치 패티에 샐러드 채소를 곁들이고, 5의 오리엔탈 드레싱을 함께 낸다.

토르티야 대신
레터스에 싸 먹어
더 가볍게 즐기는
멕시코 요리

레터스치킨파지타&과카몰리

| 칼로리 | 841kcal | 지방 | 66.6g | 단백질 | 28.9g | 탄수화물 | 44.2g | 식이섬유 | 23.9g | | 1인분 기준 |

과카몰리|

아보카도 1개, 방울토마토 6개,
양파·레몬 1/4개씩,
소금·후춧가루·고수 약간씩

재료|

버터레터스 10장,
빨강·노랑·주황 파프리카 1/4개씩,
피망 1/2개, 적양파 1/3개,
닭 다리살 2쪽, 파프리카 가루·
타코시즈닝 1/2작은술씩,
소금·후춧가루·사워크림·고수
적당량, 올리브유 2큰술

1 ────

dinner

1   닭 다리살은 손가락 굵기로 도톰하게 채를 썬 뒤 파프리카 가루, 타코시즈닝, 소금, 후춧가루를 뿌려 밑간한다.

tuesday

2 ———

3 ———

4 ———

2   버터레터스는 씻어서 물기를 빼두고, 적양파, 파프리카, 피망은 모두 도톰하게 채를 썰어 둔다.

3   과카몰리에 들어가는 양파는 작게 다지고, 방울토마토는 4등분 한다.

4   과카몰리용 아보카도는 잘 익은 것으로 준비해 과육을 볼에 담아 으깬다. 여기에 레몬 즙을 넣어 함께 섞
      고, 양파와 방울토마토를 넣은 뒤 소금, 후춧가루로 간해서 과카몰리를 완성한다.

5 ——

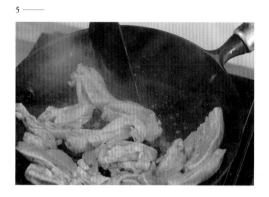

6 ——

7 ——

8 ——

dinner

5 달군 팬에 올리브유를 두르고 1의 밑간한 닭고기를 올려 센 불에서 볶는다.

6 다른 팬에 올리브유를 두르고 2에서 미리 손질한 적양파, 파프리카, 피망을 넣고 센 불에서 볶는다.

7 양파가 투명해질 정도로 채소를 가볍게 볶은 다음 소금, 후춧가루로 간 한다.

8 접시에 7의 채소와 5의 닭고기를 함께 담고, 고수를 얹어 완성한다. 손질한 레터스와 과카몰리, 사워크림과 같
이 먹는다.

부드러운 반숙 달걀과
크림소스가 어우러진
아침 식사

채소달걀그라탕

칼로리	104kcal	지방	104g	단백질	33g	탄수화물	17g	식이섬유	5.7g	1인분 기준

재료 |

달걀 2개, 브로콜리 1/6송이, 콜리플라워 1/4송이, 베이컨 2줄, 무염버터 1큰술, 생크림 1컵,
모차렐라 치즈 1/4컵, 소금·후춧가루 약간씩

1 ——

2 ——

1   달걀은 반숙으로 삶아서 껍질을 벗기고 반으로 자른다.

2   브로콜리와 콜리플라워는 한입 크기로 자르고, 깨끗이 씻어서 물기를 뺀다. 베이컨도 2㎝ 길이로 썬다.

3   달군 팬에 버터를 녹이고 브로콜리와 콜리플라워를 넣어 약한 불에서 천천히 타지 않게 볶는다.

4   브로콜리와 콜리플라워를 3~4분 정도 볶다가 분량의 생크림을 넣고 소금, 후춧가루를 뿌려 가볍게 끓인다.

wednesday

breakfast

5 오븐 용기에 4의 볶은 채소를 담고, 썰어 둔 베이컨을 뿌려 섞어준 뒤 사이사이에 반숙 달걀을 넣어준다.

6 5 위에 모차렐라 치즈를 듬뿍 올리고, 200℃로 예열한 오븐에서 10분 동안 구워낸다.

연어세비체

| 칼로리 | 787kcal | 지방 | 67.5g | 단백질 | 35g | 탄수화물 | 13.7g | 식이섬유 | 7.9g | | 1인분 기준 |

재료 |

연어(횟감) 150g, 적양파 1/4개, 그린올리브 6~7개, 아보카도 1/2개, 딜 약간, 엑스트라버진 올리브 3큰술

소스 |

레몬즙 1/2큰술, 애플사이다 비니거 1큰술, 에리스리톨 2작은술, 소금·후춧가루 약간씩

1 ———

1   연어는 횟감으로 준비해 먹기 좋게 한 입 크기로 썬다.

2 ——

3 ——

2   적양파는 얇게 채를 썰고, 그린올리브도 반으로 자른다. 아보카도는 껍질과 씨를 제거하고 한 입 크기로 썬다.

3   분량의 레몬즙과 애플사이다 비니거, 에리스리톨, 소금, 후춧가루는 잘 섞어 소스를 만들어 둔다.

4   볼에 손질한 연어와 양파, 아보카도, 그린올리브를 담고 3의 소스를 넣어 버무린다.

5   접시에 4를 담고, 올리브유를 뿌려 완성한다.

삼겹살과 채소를
찜기에 쪄서 담백하고
푸짐하게 먹는 식사

대패삼겹채소찜

| 칼로리 | 591kcal | 지방 | 43.1g | 단백질 | 31.5g | 탄수화물 | 19.7g | 식이섬유 | 4.7g | 1인분 기준(소스 1회) |

재료 |

대패삼겹살 150g, 양배추 1/6통, 숙주 50g, 연근 4~5쪽, 미니 단호박 1/2개, 애느타리버섯 30g, 양파 1/4개, 대파 1대

청양고추 소스 | 4회 분량

액젓 3큰술, 간장·참깨 1작은술씩, 식초 1½ 큰술, 다진 양파 15g , 에리스리톨 1큰술, 빨강·초록 청양고추 1/2개씩

1 ——

2 ——

1   양배추는 한입 크기로 썰고 양파는 도톰하게 채를 썬다. 연근은 껍질을 벗겨 동그란 모양을 살려 썬다.

2   숙주는 깨끗이 씻어서 체에 밭쳐 물기를 뺀다. 대파는 4㎝ 길이로 썰어서 반으로 자른다.

3 ───

4 ───

3　　미니 단호박은 껍질째 깨끗이 씻어서 6등분 하고, 씨는 빼낸다. 애느타리버섯도 먹기 좋게 찢어서 준비한다.

4　　대나무 찜기에 양배추를 깔고 그 위에 숙주와 양파를 도톰하게 올린다.

5 ——

6 ——

7 ——

8 ——

dinner

5   4 위에 연근, 단호박, 버섯, 대패삼겹살을 가지런히 올린다.

6   냄비에 물을 붓고 끓기 시작하면 찜기를 올려 10~15분 정도 찐다.

7   분량의 청량고추 소스 재료를 함께 섞고, 여기에 청양고추를 송송 썰어 넣는다.

8   6의 고기와 채소가 다 익으면 불에서 내리고, 7에서 만들어 놓은 청양고추 소스를 곁들여 낸다.

90초 키토빵에
와사비 크림치즈와
연어가 잘 어우러진
키토 샌드위치

90초 키토빵 연어오픈샌드위치

칼로리	607kcal	지방	48.2g	단백질	29.7g	탄수화물	18g	식이섬유	3.8g	1인분 기준

재료 | 훈제연어 4쪽, 오이 1/2개, 양파 1/4개, 래디시 2개

아몬드빵 반죽 | 녹인 무염버터·아몬드 가루 20g씩, 베이킹파우더 1/2작은술, 달걀 1개, 소금 한꼬집

와사비크림치즈 소스 | 크림치즈 50g, 레몬즙 1작은술, 생 와사비·에리스리톨·씨겨자 1/2작은술씩

1 ———

2 ———

1   녹인 버터에 아몬드 가루, 베이킹파우더, 소금을 체에 내리고 달걀 하나를 넣어 거품기로 섞는다.

2   내열 용기에 1의 반죽을 붓고 비닐 랩을 씌운 뒤 30초씩 끓어서 총 3번 전자레인지에 90초 동안 돌린다.
     빵이 완성되면 그릇에서 빵을 꺼내 완전히 식힌 뒤 반으로 자른다.

thursday

3 ———

3   오이는 긴 모양을 살려 필러로 얇게 썰어 둔다. 양파는 곱게 채를 썰고 래디시도 얇게 썬다.

4 ———

5 ———

breakfast

4   분량의 크림치즈, 생 와사비, 레몬즙, 에리스리톨, 씨겨자를 모두 섞어 2의 빵 위에 바른다.

         〔tip〕 크림치즈를 미리 실온에 두어 말랑하게 하면 잘 섞여요.

5   4의 빵 위에 훈제연어를 올리고, 손질한 양파, 래디시, 오이를 잘 올려 오픈샌드위치를 완성한다.

냉장고 속
채소들을 모아
푸짐하게 즐기는
샐러드

콥샐러드&시저드레싱

| 칼로리 | 779kcal | 지방 | 62.2g | 단백질 | 34.8g | 탄수화물 | 31.1g | 식이섬유 | 17.1g | 1인분기준(드레싱 1회) |

재료

양상추 100g, 달걀 2개, 베이컨 3줄, 블랙올리브 6~7개, 오이 1/3개, 아보카도 1개, 방울토마토 6~7개, 콜비잭 치즈 약간

시저드레싱 | 5회 분량

마요네즈 3큰술 (50g) , 파마산 치즈가루·에리스리톨 1작은술씩, 레몬즙·엔초비 페이스트·씨겨자 1/2 작은술씩,
후춧가루 약간

1 ——

2 ——

1   양상추는 깨끗이 씻어서 먹기 좋은 크기로 뜯어 둔다.

2   방울토마토는 4등분 하고, 올리브는 동그란 모양을 살려 썬다. 오이는 먹기 좋게 깍둑썰기 한다.

thursday

3 ——

3   아보카도는 껍질과 씨를 제거한 뒤 먹기 좋게 썰고, 달걀은 완숙으로 삶아서 4등분 한다.

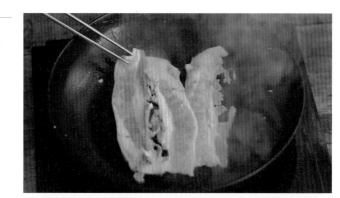

4   베이컨도 2㎝ 두께로 썰어 바삭하게 구워 둔다.

5   분량의 드레싱 재료를 모두 섞어 시저 드레싱을 만들어 둔다.

6   접시에 양상추를 깔고, 그 위에 오이, 방울토마토, 올리브, 달걀, 아보카도, 베이컨, 콜비잭 치즈를 모두 가지런
      히 올린 뒤 5의 드레싱을 곁들여낸다.

매운 고추와
아삭한 숙주를 넣은
색다른 분위기의
불고기 요리

불고기숙주볶음

| 칼로리 | 1020kcal | 지방 | 70g | 단백질 | 68.4g | 탄수화물 | 21.8g | 식이섬유 | 3.2g | | 1인분 기준 |

재료 |

소고기 300g, 숙주 150g, 양파 1/3개,
청경채 2개, 대파 1대,
마른고추(베트남고추) 2~3개,
참깨·참기름 약간씩, 올리브유 2큰술

양념장 |

간장 3 ½ 큰술, 증류 소주·에리스리톨
1큰술씩, 다진 마늘 2작은술,
굴소스 1작은술, 후춧가루 약간

1 ———

2 ———

1   소고기는 불고기 감으로 준비해서 키친타월로 핏물을 닦는다.

2   분량의 양념장 재료는 모두 섞은 뒤 1의 소고기에 넣고 버무려 잠시 재워둔다.

thursday

3   숙주는 씻어서 물기를 빼두고 양파는 채를 썬다. 청경채도 씻어서 한 장 한 장 떼어 반으로 자른다.
     대파는 송송 썰어둔다.

4   달군 팬에 올리브유를 두르고 대파와 마른고추를 반으로 잘라 넣고 볶아 향을 낸다.

5   대파의 향이 올라오면 2의 양념에 재워둔 소고기를 넣어 타지 않게 잘 저어가며 볶는다.

dinner

6 ——

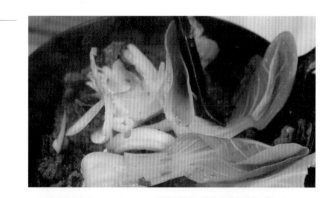

7 ——

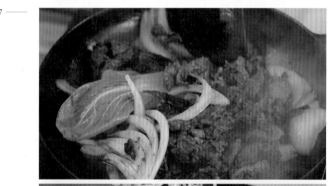

6　　소고기가 반쯤 익었을 때 양파와 청경채를 넣어 볶는다.

7　　소고기가 다 익고 국물이 거의 없어지듯이 볶아지면 숙주를 넣고 숙주의 아삭한 식감이 남아
　　 있도록 재빨리 볶은 뒤 불을 끈다. 마지막으로 참깨와 참기름을 뿌리고 접시에 담는다.

올리브유에 천천히 구워
채소의 단맛을
느끼는 샐러드

구운채소샐러드&된장 드레싱

칼로리	497kcal	지방	41.5g	단백질	9.3g	탄수화물	27.2g	식이섬유	10.3g	1인분 기준 (드레싱 1회)

재료 |

가지 1/2개, 연근 슬라이스 4쪽, 방울토마토 3개, 미니 단호박 1/4개, 미니 양배추 4개, 루콜라 10g,
올리브유 2큰술, 소금·후춧가루 약간씩

된장 드레싱 | 4회 분량

마요네즈 3큰술, 미소된장 1큰술, 무설탕 땅콩버터 2큰술, 식초·에리스리톨 2작은술씩, 간장 1작은술, 맛술 1/2큰술

1 ———

2 ———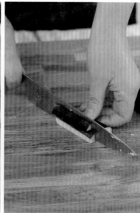

1 　　분량의 드레싱 재료는 모두 골고루 섞어 된장 드레싱을 만들어 둔다.

　　　　{tip} 땅콩버터는 설탕이 들어있지 않은 제품을 사용해 주세요.

2 　　미니 양배추는 반으로 썰고, 가지는 반을 잘라 길고 얇게 썰어 둔다.

friday

3   미니 단호박은 껍질째 얇게 썰어 씨를 제거한다. 방울토마토는 반으로 자른다.

4   루콜라는 깨끗하게 씻어서 물기를 빼둔다.

5   달군 팬에 올리브유를 넉넉히 뿌리고 손질한 애호박, 가지, 연근, 방울토마토, 양배추를 올려 약한 불에서
       노릇하게 앞뒤로 구워 접시에 담는다.

6   5의 구운 채소와 물기 뺀 루콜라를 접시에 담고, 1에서 만들어둔 된장 드레싱을 뿌리거나 곁들여 낸다.

볶은 소고기를
아삭한 식감의 양상추에
싸먹는 한 입 식사

friday

소고기양상추쌈

| 칼로리 | 419kcal | 지방 | 28.1g | 단백질 | 23.1g | 탄수화물 | 19.6g | 식이섬유 | 3.4g | | 1인분 기준 |

재료 |

양상추 1/2통, 다진 소고기 100g, 청 · 홍피망 1/4개씩, 양파 1/4개, 양송이버섯 3개, 올리브유 1큰술

소스 |

간장 1/2큰술, 생강술 · 맛술 1큰술씩, 굴소스 · 에리스리톨 1작은술씩, 후춧가루 약간

lunch

1   양상추는 씻어서 한 입에 먹기 좋게 동그란 모양을 살려 손으로 찢어둔다.

2   피망과 양파는 옥수수 알 크기로 네모나게 썬다. 양송이버섯은 저며 썰어둔다.

friday

3   달군 팬에 올리브유를 두르고 다진 소고기와 분량의 재료를 섞어 만든 소스를 넣어 볶는다.

4   3의 국물이 거의 남지 않도록 볶아지면 2의 손질한 채소를 넣고 센 불에서 국물이 거의 없도록 재빠르게 볶는다.

5 ——

5   양상추를 접시에 깔고, 그 위에 한 김 식힌 4를 올려 완성한다.

두부와 제육볶음이
어우러진 푸짐한 식사

제육두부조림

| 칼로리 | 520kcal | 지방 | 26.3g | 단백질 | 41.5g | 탄수화물 | 29.2g | 식이섬유 | 8.7g | 1인분 기준 |

재료 |

돼지고기(앞다리살) 100g,
두부 1/2모, 양파 1/2개,
애느타리버섯 30g, 대파 1/2대,
물(또는 멸치다시마 육수) 1컵,
생강술·쯔유 1큰술씩

양념장 |

고춧가루 2 ½ 큰술, 간장 2큰술,
증류 소주 1큰술,
다진 마늘·에리스리톨 2작은술씩,
후춧가루 약간

1 돼지고기는 불고기감으로 준비해 먹기 좋게 썰고 생강술을 뿌려 재워둔다.

2 돼지고기에 분량의 양념장 재료를 모두 넣고 조물조물 버무린다.

friday

3 ——

3   두부는 1cm 두께로 썰어 두고 양파는 두껍게 채를 썬다. 애느타리버섯은 먹기 좋게 찢어 둔다. 대파는 어슷썬다.

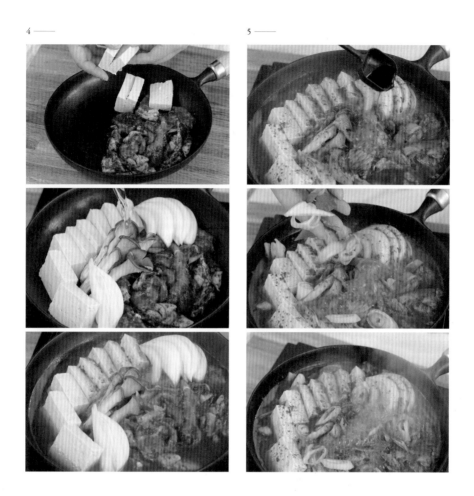

4   냄비에 2의 양념한 돼지고기와 손질해둔 두부, 양파, 버섯을 넣고, 분량의 물을 붓고 뚜껑을 덮어 끓인다.

5   중간 중간 국물을 고기에 끼얹어 가며 끓이다가 고기가 다 익으면 쯔유를 넣어 간을 하고, 대파와 고추를 넣어 5분
     정도 더 끓여 완성한다.

[tip] 취향에 따라 고춧가루를 더 넣어도 맛이 좋아요.

당질은 줄이고
고소함은 늘린
홈메이드 그래놀라

저당질 그래놀라와 요거트

| 칼로리 | 468kcal | 지방 | 38.5g | 단백질 | 15.4g | 탄수화물 | 19.1g | 식이섬유 | 9.1g | 1회 분량 기준 |

그래놀라 | 10회 분량

통아몬드·호두 100g씩, 피칸·호박씨·해바라기씨 50g씩, 아마씨 가루 40g, 코코넛 플레이크 90g, 에리스리톨 2큰술,
달걀흰자 1개 분량, 코코넛 오일 30g, 무설탕 땅콩버터 80g, 소금 1/3 작은술, 시나몬 파우더 약간

재료 |

무가당 요거트 100g, 딸기 약간

1 ——   2 ——

1   통아몬드와 호두, 피칸은 먹기 좋게 칼로 2~3등분 한다.

2   볼에 준비한 견과류와 씨앗, 아마씨 가루, 코코넛 플레이크를 넣고 가볍게 섞는다.

saturday

3 무설탕 땅콩버터는 실온에 두어 말랑말랑해지면 코코넛 오일, 달걀흰자와 함께 2에 넣고 잘 섞는다. 마지막에 소금과 시나몬 파우더를 넣고 다시 한 번 섞는다.

4 오븐 팬에 3의 그래놀라 재료를 펴 올린 뒤 150℃로 예열한 오븐에서 30분 동안 구워낸다.

5 ——

6 ——

5   다 구워진 그래놀라는 충분히 식힌 뒤 밀폐용기에 담는다.

6   그릇에 무가당 요거트를 담고 그래놀라와 먹기 좋게 썬 딸기를 올려 완성한다.

바질페스토의 향이
입맛을 돋우는
육즙 가득한
진짜 스테이크

스테이크샐러드

| 칼로리 | 1363kcal | 지방 | 117.1g | 단백질 | 66.7g | 탄수화물 | 14.1g | 식이섬유 | 8.2g | 1인분 기준 |

재료

소고기(스테이크용·등심) 200g,
루콜라 25g,
블랙올리브 4~5개, 래디쉬 1개,
아보카도 1/2개, 무염버터 2큰술,
소금·후춧가루·로즈마리·발사믹 식초
약간씩, 올리브유 1큰술

스테이크 소스

바질 페스토·엑스트라버진 올리브유
2큰술씩, 파마산 치즈 1큰술

1 ———

lunch

1   스테이크용 소고기에 소금과 후춧가루, 올리브유를 뿌리고 손으로 문질러 잠시 둔다.
이때 로즈마리를 뜯어 함께 마리네이드 해둔다.

saturday

2   달군 팬에 버터를 녹이고 마리네이드 한 소고기를 올려 굽는다. 한쪽 면을 1분 30초 굽고 뒤집어서 다시 1분 굽는다. 고기를 다시 뒤집어 뚜껑을 덮고 1분 구운 뒤 불에서 내려 접시에 담고 쿠킹 포일로 덮어 3분 정도 레스팅을 한다.

3   루콜라는 깨끗이 씻어서 물기를 빼고, 래디쉬는 동그란 모양을 살려 썬다.

lunch

4   아보카도는 껍질을 벗기고 씨를 제거한 뒤 얇게 썰고, 올리브도 동그란 모양을 살려서 썬다.

5   분량의 스테이크 소스 재료는 모두 섞어둔다.

6   다 구워진 스테이크를 먹기 좋은 크기로 썬다.

7   접시에 루콜라와 래디쉬, 블랙올리브를 담고 발사믹 식초를 가볍게 뿌린다. 썰어 놓은 스테이크를 한쪽에
    담고 그 위에 아보카도와 5의 스테이크 소스를 곁들인다.

아삭하게 씹히는
콩나물과 매콤한 삼겹살
맛이 좋은 든든한 식사

콩나물불고기

칼로리	711kcal	지방	52.9g	단백질	36.2g	탄수화물	21.1g	식이섬유	7.5g		1인분 기준

재료 |

대패삼겹살 150g, 콩나물 50g, 대파 2대, 깻잎 5장, 애느타리버섯 30g, 양파 1/4개, 참깨 · 참기름 약간씩

양념장 |

고춧가루 2큰술, 간장 · 어간장 · 증류 소주 · 생강술 1큰술씩, 에리스리톨 1작은술, 다진 마늘 1/2큰술, 후춧가루 약간

1 ——

2 ——

1   콩나물은 깨끗이 씻어서 체에 밭쳐 물기를 뺀다.

2   대파는 반을 잘라 가운데 심지는 버리고 2~3번 접어 곱게 채를 썬다. 애느타리버섯은 먹기 좋게 찢어둔다.

saturday

3   양파는 채를 썰고, 깻잎도 먹기 좋게 썬다.

4   분량의 양념장 재료는 모두 쉬어둔다.

5   팬에 콩나물을 깔고 그 위에 양파, 버섯, 대패삼겹살을 올린다. 그 위에 4에서 만들어둔 양념장을 올린 뒤 뚜껑
     을 덮고 약불에 올려서 끓인다.

dinner

6   콩나물 익는 냄새가 나면 뚜껑을 열어 잘 섞어가며 가볍게 볶는다.

     [tip] 콩나물이 익기 전에 뚜껑을 열면 콩비린내가 납니다.

7   미리 썰어둔 깻잎과 대파 채를 넣어 가볍게 볶은 뒤 참깨와 참기름을 넣고 한번 섞어 완성한다.

축촉하고 부드러운
콜리플라워 팬케이크!
양파향 가득한
고급스러운 양파잼

콜리플라워 팬케이크&양파잼

| 칼로리 | 1012kcal | 지방 | 72.7g | 단백질 | 58.5g | 탄수화물 | 32.6g | 식이섬유 | 10.3g | 2인분 기준 |

재료 |

콜리플라워 1/3송이, 아몬드 가루 4큰술, 달걀 2개, 슬라이스 햄 3장, 쪽파 3대, 모차렐라 치즈 1/4컵, 소금·후춧가루 약간씩, 무염버터 1큰술

양파잼 |

양파 1개, 올리브유 1큰술, 발사믹 식초 2큰술, 소금 한꼬집, 에리스리톨 1작은술

1 —— 2 ——

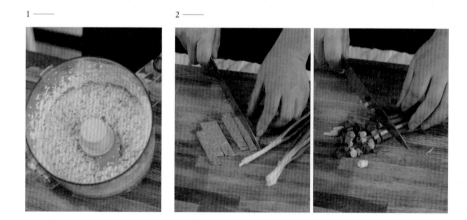

1   콜리플라워는 깨끗이 씻어서 물기를 뺀 뒤 푸드프로세서에 넣고 잘게 다지듯 썬다.

2   햄은 잘게 다지듯 썰고, 쪽파는 최대한 얇게 송송 썬다.

sunday

3 볼에 다진 콜리플라워와 아몬드 가루, 햄, 쪽파, 치즈, 달걀, 모차렐라 치즈, 소금, 후춧가루를 넣고 잘 섞는다.

4 달군 팬에 버터를 녹이고 3의 반죽을 떠 올려 겉면이 노릇해지도록 약한 불에서 천천히 굽는다.

5 양파잼에 들어갈 양파는 얇게 채를 썬다.

380

6 ——

7 ——
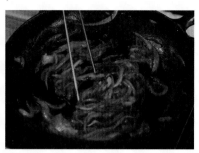

8 ——

breakfast

6 팬에 올리브유를 두르고 5의 채 썬 양파와 소금 한꼬집을 넣어 약한 불에서 볶는다.

7 양파가 갈색 빛이 돌도록 1시간 정도 저어가며 볶다가 에리스리톨과 발사믹 식초를 넣고 국물이 거의 없도록 볶아 양파잼을 완성한다.

8 접시에 4의 팬케이크를 담고, 완성된 양파잼을 곁들여낸다.

버터로 구워 더
고소한 오징어구이와
쌉쌀한 자몽 샐러드는
환상 조합

버터구이오징어와 자몽샐러드

| 칼로리 | 824kcal | 지방 | 73.8g | 단백질 | 29.4g | 탄수화물 | 13.3g | 식이섬유 | 2g | 1인분 기준 |

버터구이오징어

오징어 1마리, 가염버터 2큰술,
후춧가루·파슬리 가루 약간씩

자몽 샐러드

어린잎 채소 25g, 자몽 1/4개,
통아몬드 약간, 리코타 치즈 1스쿱

드레싱

엑스트라버진 올리브유 3큰술,
애플사이다 비니거 1큰술,
레몬즙 1/2큰술, 디종머스터드 1작은
술, 에리스리톨 2작은술,
소금·후춧가루 약간씩

1 ———

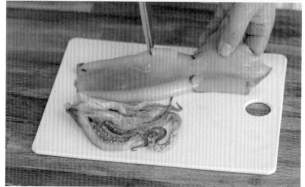

lunch

1   오징어는 내장을 제거하고 깨끗하게 씻은 뒤 껍질을 벗겨낸다. 껍질을 벗긴 오징어 양쪽 면에 1cm
    간격으로 칼집(가위집)을 낸다.

sunday

2   어린잎 채소는 깨끗하게 씻어서 물기를 뺀다.

3   자몽은 겉껍질과 속껍질을 벗겨 과육만 발라낸다.

4   봉아본드는 달군 팬에 가볍게 볶은 뒤 칼로 듬성듬성 썰어둔다.

5   달군 팬에 버터를 녹이고 손질한 오징어를 올려 굽는다. 이때 후춧가루와 파슬리 가루를 뿌려 준다.

6 ——

7 ——

lunch

6   분량의 드레싱 재료는 모두 섞어둔다.

7   접시에 구운 오징어를 담고 옆에 물기 뺀 어린잎 채소, 리코타 치즈, 통아몬드, 자몽을 올린
        뒤 6의 드레싱을 곁들여낸다.

도톰한 스테이크를
맛있게 구워 귀리곤약밥과
즐기는 일본식 식사

귀리곤약 스테이크덮밥

| 칼로리 | 665kcal | 지방 | 45.6g | 단백질 | 39.7g | 탄수화물 | 23.8g | 식이섬유 | 1.1g | | 1인분 기준 |

재료ㅣ

소고기(스테이크용 살치살 또는 등심) 150g,
올리브유·무염버터·발사믹 식초 1큰술씩,
로즈마리 약간, 귀리곤약밥 1/2공기,
양파 1/2개, 어린잎 채소 10g,
소금·후춧가루 약간씩,
간장·생 와사비 취향껏

1 ———

dinner

1   스테이크용으로 준비한 소고기에 소금과 후춧가루, 올리브유를 뿌려 손으로 문지른 뒤 잠시 둔
     다. 이때 로즈마리를 올려 함께 마리네이드 해둔다.

sunday

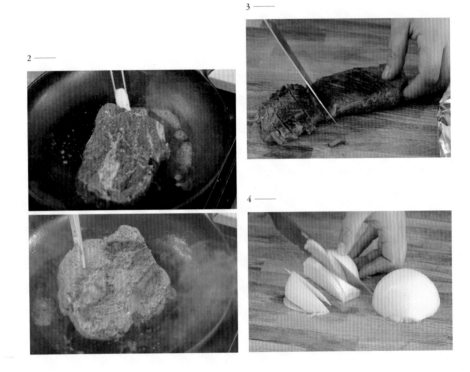

2   달군 팬에 버터를 녹이고 1의 소고기를 올려 굽는다. 한쪽 면을 1분 30초 굽고 뒤집어서 다시
     1분 굽는다. 고기를 다시 뒤집어 뚜껑을 덮고 1분 구운 뒤 불에서 내려 쿠킹 포일로 덮고 3분 정도
     레스팅을 한다.

3   다 구워진 스테이크는 먹기 좋은 크기로 썬다.

4   양파는 채를 썰어 달군 팬에 올리브유를 두르고 약한 불에서 볶는다. 소금으로 약하게 간하고
     30분 정도 갈색빛이 돌 때까지 볶는다.

dinner

5   4의 양파에 발사믹 식초를 넣고 국물이 거의 없을 정도로 조리듯 볶는다.

6   귀리곤약밥을 그릇에 담고, 그 위에 볶은 양파와 스테이크를 얹는다.

     [tip] 귀리곤약밥은 p.272 〈귀리김밥〉 레시피를 참고해주세요.
            넉넉히 만들어서 소분한 뒤 냉동 보관했다가 사용하면 편리해요.

7   어린잎 채소와 생 와사비를 스테이크 옆에 담고 간장을 곁들여낸다.

주방의 쉼표, 키친 콤마

www.kcomma.com

"예쁜 당신은 쉬어요. 맛은 제가 낼게요"

요리의 풍미를 살리는 맛간장과 쯔유
설탕 없는 저당질 소스
유기농 설탕을 최소한으로 넣은 수제잼
내 몸을 깨우는 제철 수제청

건강한 식재료로 정성껏 자연을 담았습니다.